Ber. aus dem AG Entwicklungsforschung Münster · 21 · 1992

Berichte aus dem
Arbeitsgebiet Entwicklungsforschung
am Institut für Geographie Münster

Hrsg. von Cay Lienau

Heft 21

# Natürliche Höhenstufen und Siedelplätze in griechischen Hochgebirgen

von

## Ludwig Hempel

ISBN 3-9801245-7-6
ISSN 0178-3513

# Inhaltsverzeichnis

# 1 Einleitung und Problemstellung

Die Vielschichtigkeit des geographischen Problems "Höhensiedlungen", insbesondere solche an der Grenze von Ökumene und Anökumene, hat bereits 1966 HAMBLOCH zu erfassen versucht. Auf Grund seiner weltweiten Aufnahmen und Vergleiche konnte für eine Einzelregion wie die altweltlichen Mittelmeerländer naturgemäß nur eine generalisierende Linie erarbeitet werden. Dennoch ist die Zahl der Gründe, weswegen Menschen ihren Lebensraum bis an die Grenze der Ökumene ausdehnen, auch in dieser allgemeinen Form und in globaler Sicht groß. Aber auch weit unterhalb dieser Höhengrenze menschlichen Lebens ist die Zahl der Probleme, die um eine Erklärung von Gunst oder Ungunst der Gebirge für eine Besiedlung entstehen, nicht geringer. Die Gründe für die Anlage von Höhensiedlungen in Gebirgen, insbesondere europäisch-mediterraner Breiten mit einem dazugehörigen "Lebensraum", kommen selten in Einzahl, sondern vielmehr in Mehrzahl und miteinander vielfältig verkoppelt, vor.

Besonders günstige Stellen sowohl für Hausplätze mit Gärten als auch von dort aus bewirtschaftungsfähiges Terrain bieten ebene Reliefformen. Dies können weitgespannte Hochländer sein wie etwa das Becken von Tripolis auf der Peloponnes oder – um ein außergriechisches Beispiel zu nehmen – die 800 $m$ hohe Hochfläche der spanischen Meseta. An anderen Stellen pflanzt sich die Reliefgunst von den großflächigen Flachformen in die engen Täler fort, wo das Relief und die Bodendecke einen Terrassenbau zulassen. Mit den günstigen Oberflächenformen verbinden sich in aller Regel wasserreiche Quellen. Gleichzeitig sind so ausgestattete Siedelplätze Ausgangspunkte für eine Viehwirtschaft in transhumanter Form sowohl abwärts in Richtung intramontane Ebenen oder Küstenhöfe als auch aufwärts in die Hochzonen der Gebirge.

Ein besonderer Anlaß für die Gründung einer Siedlung in höheren Gebirgsstufen ist ein starkes Anwachsen der Bevölkerung in benachbarten Ebenen, das mit den geographischen Begriffen "hohe Dichte" oder "Bevölkerungsdruck" umrissen ist.

Wanderungsdruck kann auch durch Feindseligkeiten entstehen, in deren Folge eine Menschengruppe die Gebirge als Rückzugs- und/oder Schutzgebiete aufsucht. Nahe verwandt mit solchen Aktivitäten sind jene Siedlungen, die an strategisch wichtigen Stellen angelegt wurden und später nach Verlust der militärischen Aufgabe zu Rastplätzen mit nicht selten handelsgeographisch bedeutsamen Aufgaben herangewachsen sind.

Allen skizzierten Anlässen für Siedlungsgründungen in Gebirgen muß eine natürliche Gunst dieser Standorte vorausgehen. Die Lokalitäten müssen in ihrer Natur stabil genug sein, um auch einer zeitweise verstärkten Beanspruchung durch Menschen gewachsen zu sein. Diese Gunstfaktoren sollen im folgenden für mediterrane Hochgebirge vorgestellt und an Beispielen aus Griechenland belegt werden[1].

# 2  Natürliche Gunst in der Höhe

Klima, Wasser und Boden bestimmen Gunst oder Ungunst eines Lebensraumes. Welche Eigenschaften müssen diese Räume in Mittelmeerländern haben, um menschliche Ansiedlungen aufnehmen zu können?

## 2.1  Klimagunst und -ungunst

Von allen Klimaelementen unterliegt die Temperatur einem besonders auffälligen Wandel von den Fußzonen bis in die höheren Gebirgsteile. Nach den Regeln der adiabatischen Abstufung nehmen die sommerheißen Tagestemperaturen zwischen $0,5^0$ und $0,7^0 C$ pro hundert Meter ab. So kann für Gebirgshöhenstufen zwischen 500 und 800 $m$ NN ein Sommermittel der Temperatur (Juni bis September) von $23^0$ bis $17^0 C$ gegenüber rund $28^0$ bis $24^0 C$-Durchschnittswerten von Küstenebenen errechnet bzw. gemessen werden. Belege dafür bieten Stationswerte auf Kreta, die mit kurzen Unterbrechungen von 1930 bis 1989 beobachtet wurden ($^0 C$):

|  | VI | VII | VIII | IX |
|---|---|---|---|---|
| Gebirge: | | | | |
| Anogeia (740 $m$ NN): Ida-Oros | 21,8 | 23,4 | 23,0 | 19,9 |
| Tzermiades (820 $m$ NN): Lasithi | 19,1 | 20,1 | 19,8 | 17,2 |
| Küste: | | | | |
| Chania (62 $m$ NN): NW-Kreta | 24,7 | 26,9 | 26,7 | 23,6 |
| Ierapetra (16 $m$ NN): S-Kreta | 25,8 | 28,3 | 28,1 | 25,1. |

Für die Grenzen menschlichen Lebens, der Viehhaltung sowie von Feld- und Baumkulturen sind neben den sommerlichen Werten auch die winterlichen wichtig. Dies gilt ganz besonders für die Monatsmittelwerte der niedrigsten Temperaturen von Dezember

---

[1]Diese Arbeit beschränkt sich mit ihrer Fragestellung auf Griechenland. Ich bin sicher, daß eine Studie über Italien einen ähnlichen Ansatz braucht. Für Spanien sind die Verhältnisse der vertikalen Bevölkerungsverteilung und ihre Ursachen erarbeitet worden.

bis März. Gerade diese können kaum von Küstenorten errechnet, sondern müssen direkt gemessen werden ($^0C$):

|  | XII | I | II | III |
|---|---|---|---|---|
| Anogeia (740 $m$ NN): Ida Oros | 6,7 | 4,7 | 4,9 | 6,0 |
| Tzermiades (820 $m$ NN): Lasithi | 4,1 | 2,3 | 2,5 | 3,3. |

Bei Durchsicht aller Höhenstationen auf Kreta und der Peloponnes kristallisiert sich der Gebirgshöhenraum zwischen 500 $m$ und 800 $m$ NN als "thermische Gunstzone" mit warmen Sommern und milden Wintern heraus (vgl. auch LIENAU, 1986).

Zu dieser temperaturbedingten Begünstigung tritt eine solche der Wasserversorgung durch hohe Niederschläge. Höhensiedlungen genießen im allgemeinen einen Luveffekt, wobei die Bilanz von Niederschlag und potentieller Verdunstung positiv ausfällt. Dadurch wird der semihumide, z.T. sogar semiaride Zustand der benachbarten Tiefenstufe von einem vollhumiden in der Höhe überlagert. Dies belegen nicht nur die meteorologischen Daten der eher festländischen Peloponnes-Stationen. Auch die Meßstellen in der maritimen Insellage von Kreta weisen diesen Trend auf ($mm$):

| I | II | III | IV | V | VI | VII | VIII | IX | X | XI | XII |
|---|---|---|---|---|---|---|---|---|---|---|---|
| Anogeia (740 $m$ NN): 1109,0 $mm/Jahr$ | | | | | | | | | | | |
| 226,3 | 146,3 | 132,2 | 55,7 | 35,9 | 12,6 | 4,2 | 2,4 | 30,8 | 140,1 | 136,0 | 187,4 |
| Tzermiades (820 $m$ NN): 1489,5 $mm/Jahr$ | | | | | | | | | | | |
| 309,0 | 225,6 | 207,7 | 102,0 | 42,5 | 16,4 | 2,9 | 22,5 | 28,6 | 126,6 | 151,4 | 254,3 |
| Chania (62 $m$ NN): 665,0 $mm/Jahr$ | | | | | | | | | | | |
| 137,7 | 100,0 | 72,3 | 38,4 | 16,6 | 6,5 | 0,7 | 2,8 | 18,1 | 86,3 | 70,5 | 115,1 |
| Ierapetra (16 $m$ NN): 548,4 $mm/Jahr$ | | | | | | | | | | | |
| 147,3 | 72,1 | 49,1 | 21,6 | 11,3 | 1,2 | 0,0 | 0,5 | 5,9 | 48,1 | 70,4 | 120,9. |

Die Niederschlagsverhältnisse werden in den Gebirgen noch durch Effekte von Luv-Lee-Lagen modifiziert. Die Armut Griechenlands an solchen meteorologischen Höhenstationen erlaubt nur für Kreta, zwei Reihen mit direkt gemessenen Werten aufzustellen. Aber auch die konstruierten allgemeinen Linienführungen großräumiger Niederschlagskarten von MARIOPOULOS & CIVATHENOS (1935), PHILIPPSON (1948: Abb.5), KAYSER & THOMPSON (1964: Karten 103 und 104) und LIENAU (1986: Karte 1; 1989: Karte 3) vermitteln einen Eindruck von der Bedeutung dieser Expositionslagen:

Reihe 1:

| | |
|---|---|
| Rethymni (7 $m$ NN: Fuß): | 646,2 $mm/a$, |
| Anogeia (740 $m$ NN: Luv): | 1109,0 $mm/a$, |
| Gortys (180 $m$ NN: Lee): | 570,5 $mm/a$. |

Reihe 2:

| | |
|---|---|
| Irakleion (180 $m$ NN: Fuß): | 493,0 $mm/a$, |
| Tzermiades (820 $m$ NN: Luv): | 1489,5 $mm/a$, |
| Ierapetra (16 $m$ NN: Lee): | 548,4 $mm/a$. |

Zusammenfassend kann man sagen, daß die Gänge von Niederschlag und Temperatur in Räumen über 700 $m$ NN in griechischen Hochgebirgen eine mindestens "humid getönte Höhenstufe" mit den Folgen einer günstigen Wasserversorgung für Mensch, Vieh und Anbau aufweisen. Sie ist ein natürlicher Standort für Wald, wobei sowohl Nadelbäume als auch sommergrüner Laubwald klimagerechte Hölzer wären (vgl. auch PHILIPPSON, 1948: 10).

Nicht ohne Bedeutung für eine Ansiedlung ist in diesem Zusammenhang die besondere klimamedizinische Gunst dieser Höhenräume. Sie waren auch früher nahezu frei von Malaria-Erregern. Den Beschreibungen PHILIPPSONs (1892; 1959) nach kann man zahlreiche Hinweise auf die Verbreitung von "Fiebern" in Küstenebenen auf der Peloponnes entnehmen.

## 2.2 Klimageomorphologisch bedingte Höhenstufen

Der Begriff "Lebensraum" beinhaltet, daß in diesem Terrain sich Menschen dauernd mit Nahrungsmitteln versorgen bzw. fehlende Agrarprodukte durch Tausch erwerben können. Dazu benötigt diese Menschengruppe für den Anbau geeignete Böden. Diese können aus den Verwitterungsprodukten am Ort, also in situ entstanden sein, oder sie haben sich aus Lockermaterial entwickelt, das durch Abtragung von benachbarten Hängen zusammengetragen wurde. Diese Prozesse der Erosion und Akkumulation müssen nicht nur in der Gegenwart (Holozän) abgelaufen sein, sondern können auch das Ergebnis von vorzeitklimatischen Aktivitäten sein. Dafür kommt in erster Linie das Pleistozän in Frage. Gerade während der kaltzeitlichen Phasen der Eiszeit herrschte in mediterranen Hochgebirgen ein reger Formungsprozeß, der je nach Kraft mehr oder weniger weit in die unteren Höhenstufen reichte (vgl. auch HAGEDORN, 1969 für griechische Hochgebirge, KELLETAT, 1969 für den Apennin oder BROSCHE, 1977 für Iberische Gebirge). Am Beispiel der Insel Kreta

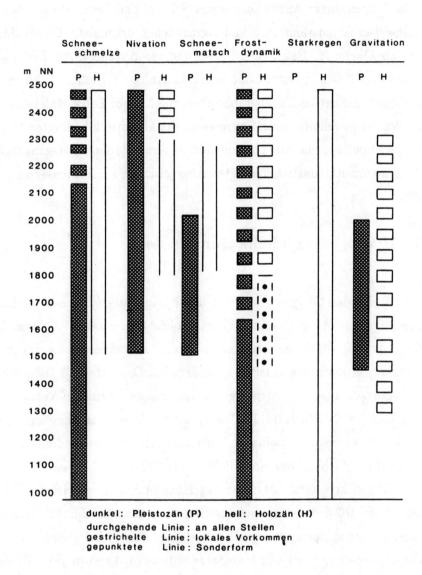

**Abb. 1: Abtragungstendenzen in den Hochgebirgen Kretas während des Jungquartärs**

6

kann nachmeßbar deutlich gemacht werden, wie die gegenwärtigen und vorzeitlichen For-
mungen durch Starkregen, Nivation, Solifluktion und Schneematschabfluß die Hänge der
Hochgebirge überziehen (Abb. 1 = HEMPEL, 1991: Fig. 16, S. 114).

Die Folgen dieser Anhäufungen von Schutt- und Feinmaterial sind in den stufen- oder
fleckenweisen Waldstandorten und Agrarflächen erkennbar. Die Wälder dienen den Menschen als Quelle für Bau-, Brenn- und anderes Nutzholz. Als Feldfrucht auf den agraren
Arealen findet man in erster Linie Getreide. An dieser Stelle verknüpft sich die morphologi-
sche Gunst mit der bodengeographischen. Sie hat zur Folge, daß in dem Substrat "Boden"
auch Wasser gesammelt wird. So treten zu der klimatisch bedingten humid getönten Höhenstufe fleckenweise "edaphisch humid getönte Areale", deren Ausgangssubstrate sich in erster
Linie aus vorzeitklimatisch bedingten Ablagerungen zusammensetzen (vgl. auch HEMPEL,
1970).

## 2.3  Hydrogeographische Gunststellen

Die Reihe der klimatisch und edaphisch begünstigten Areale in Hochgebirgen der Mittelmeerländer wird vervollständigt durch solche Gunststellen, die vom direkten Austritt des
Wassers herrühren. Humide Höhenstufen sind als Lebensräume nur dann von Wert, wenn
das Wasser in Form von Quellen nutzbar wird. Diese treten häufig als Folge von Staus an
Schichtgrenzen aus oder entspringen an tektonisch bedingten Verwerfungen.

PHILIPPSON (1959, Bd. III Teil 1) beschreibt sehr anschaulich eine Reihe solcher Vorkommen, in deren unmittelbarer Nachbarschaft größere Siedlungen entstanden sind. Im
Ziria-(Kyllini-)Gebirge der Nord-Peloponnes liegen an "dessen NW-Flanke, hoch oben an
der quellenreichen unteren Grenze des Konglomerates, die Dörfer Klimenti (973 m) und
Kaesari" (S. 163). An einer anderen Stelle erwähnt PHILIPPSON eine ähnliche Schicht-
grenze, an der entspringen "Quellen und liegt daher eine ganze Anzahl von Dörfern, von
denen die bedeutendsten sind Matzani (654 bezw. 1013 Einw.)[2] in NO der Veseza, Zemenon
(mittelalterlicher Bischofssitz) in N, Markasi (amtl. Manna, 700 bezw. 1024 Einw.) ..." (S.
163).

Über Elis (Ileia) schreibt derselbe Autor von "starken Quellen" an einer Mergelgrenze
in rund 650 $m$ NN, an denen "eine Gruppe von 6 ziemlich großen Dörfern liegt ... (2403
bezw. 2863 Einw.), das bedeutendste ist Kumani (744 bezw. 852 Einw.)" (S. 336/337).

Eine recht eindrucksvolle Leitlinie für Siedlungen ist jene an der Ostflanke des Tay-

---

[2]Die Einwohnerzahlen in den PHILIPPSONschen Darstellungen gelten für 1889 (1. Position) bzw. 1928
(2. Position).

getos über der Ebene von Sparta. "An der oberen Grenze des Schiefers gegen den Kalk des Raumes entspringen zahlreiche Quellen und ernähren Bäche, die zunächst breite Ursprungstrichter bilden, dann Täler, die sich schnell tiefer einschneiden ...", berichtet PHILIPPSON (1959: 427). In den "breiten Ursprungstrichtern" liegen mehrere Bergdörfer um die 700 $m$-Isohypse.

Quellenreichtum zeichnet auch das Argolisch-Arkadische Grenzgebirge in der Zentralpeloponnes aus. Kalkgestein-Schiefergrenzen haben in Höhen um 800 $m$ NN zahlreiche Dörfer mit Bewässerungskulturen wachsen lassen (PHILIPPSON, 1892:69).

Vom Klima her gesehen, sind solche Humiditätsbereiche als extrazonal einzuordnen. Sie sind quasi Oasen und können der klimatisch humid getönten Höhenstufe und den edaphisch humid getönten Flecken als "fremd humid getönte Punkte" zugeordnet werden (vgl. auch HEMPEL, 1970).

## 2.4 Gesteinsbedingte und tektonisch angelegte Gunstzonen

Klima-, Boden- und Quellengunst für Lebensräume in Hochgebirgen bleiben relativ wirkungslos, wenn nicht entsprechende orographisch günstige Areale, d.h. ebene Oberflächenformen, vorhanden sind. Sowohl gesteinsbedingte Plateaus als auch tektonisch angelegte Flachformen bieten sich als Ansatzpunkte für eine Besiedlung an.

Schon sehr früh sind solche entsprechenden geomorphologischen Formen auf der Peloponnes untersucht worden. Bei PHILIPPSON (1892; 1959) stand mehr der gesteinsbedingte Formenschatz im Mittelpunkt seiner Forschungen. Dagegen hat MAULL (1921; 1922) mehr tektonisch angelegte Formen im Auge gehabt. Er hat zahlreiche Rumpfflächen und Randterrassen in verschiedenen Höhenniveaus kartiert, die er zeitlich dem Miozän und Pliozän zugeordnet hat. Mag die Genese dieser Ebenheiten als "Primärrumpf" oder "Endrumpf" auch umstritten sein. Die tabellarische, monographische Übersicht bei MAULL (1921: 104-107) reicht aus, um den im Tertiär angelegten Flachformen im Zusammenhang mit der Siedlungsmöglichkeit eine hohe Gunst als "Lebensraum" zusprechen zu können.

Auf Kreta sind es weniger die Flachformen, die an einfachen, tektonischen Verwerfungen angelegt sind, die Gunst oder Ungunst der Geländenutzung ausmachen. Vielmehr sind mit den alpinen Bewegungen größere Gesteinspakete, z.T. in Form von Deckenschüben, stockwerkartig über- und nebeneinandergelegt worden (Abb. 2 = SEIDEL, 1978; JACOBSHAGEN (1986). Dadurch bestimmen gesteinsbedingte Reliefformen sowohl über weite Strecken als auch engräumig die Orographie der Insel. Auffallende Flachformen sind an die Mergelhöhen zwischen 300 und 400 $m$ NN geknüpft. Sie weisen eine erhöhte Siedlungsdichte

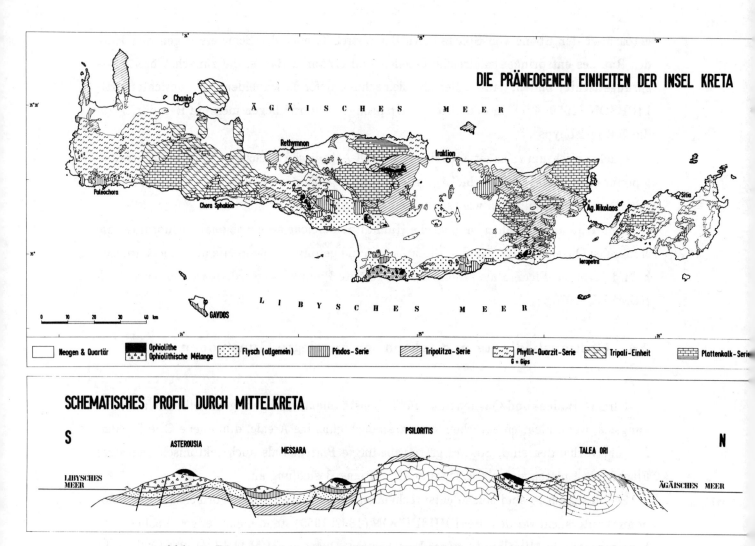

Abb. 2: Die **präneogenen** geologischen Einheiten der Insel Kreta (aus SEI-
DEL, 1978)

auf. Auch die Kalkblöcke der Tripolitza-Serie um 700 – 800 $m$ NN tragen mehr oder weniger
ausgedehnte Ebenheiten, verbunden mit einer höheren Bevölkerungsdichte.

Von besonderer geomorphologischer Bedeutung für die Entstehung günstiger Lebensräume sind die Karstformen. Poljen als Hohlformen im Kalkgestein haben im allgemeinen ein hohes, meist tertiäres Alter. Ausschlaggebend für die agrarische Nutzung dieser
Poljen sind ihr Sedimentinhalt und ihr hydrologisches Regime. Einige Beispiele von Kreta
sollen das verdeutlichen.

Im Lasithi-Polje werden in 800 $m$ NN Getreide und Kartoffeln auf Bewässerungsba-
sis angebaut. Die Besiedlungsdichte ist – gemessen an den Durchschnittswerten für diese
Höhen auf Kreta – auch im 20. Jahrhundert relativ hoch und stabil geblieben. Das gleiche

gilt für das Polje von Askifos (750 *m* NN) zwischen Ida Oros und Lefka Ori. Anders ist das in den Lefka Ori. Dort liegt das Polje von Omalos rund 1000 *m* hoch. Der Kartoffelanbau ist rückläufig. Auch die Bevölkerungsdichte nimmt rapide ab. Hier drängt die Viehwirtschaft von den benachbarten Gebirgsräumen in die Polje-Ebene, um das unbestellte Land zu nutzen. Im Polje von Nida im Ida Oros herrscht in rund 1500 *m* NN reine Weidewirtschaft mit transhumantem Charakter. An den Rändern stehen die sommerzeitlich genutzten Steinhäuser. Aber auch ihre Wohnnutzung geht zurück, nachdem durch den Teilausbau der Gebirgsstraße zur Ida-Höhle bzw. dem "Wintersport"-Gebiet mit Skilift und Restaurant die Zufahrt von Anogeia zu den Weidegründen verbessert worden ist.

Die Beispiele aus Kreta und der Peloponnes ließen sich fortsetzen. Da es sich in allen Fällen geomorphologisch um Flachformen handelt, sind mit ihrer Verbreitung auch gleichzeitig Gunstgebiete für die Entwicklung dickerer Bodendecken und im Gefolge einem ausgeglicheneren Wasserhaushalt verbunden.

## 2.5   Zusammenfassung

Klima, Boden, Wasser und Relief sind Faktoren, die eine natürliche Gunst oder Ungunst in Höhenräumen bedingen. Gerade die begünstigten Areale bekommen in mediterranen Ländern insofern ein besonderes Gewicht, weil agrargünstige Räume infolge des weit verbreiteten gebirgigen Charakters seltener sind als etwa in Mitteleuropa. Sie werden daher auch häufiger als Siedelplätze ausgenutzt, als es in Landschaften mit weitgespannten Tief- und Flachländern der Fall ist. Unterliegen diese Länder Jahrhunderte während en politischen Spannungen mit z.T. kriegerischen Verwicklungen, so genießen diese Gebirgspositionen eine besondere Gunst, wie dies in Griechenland bis ins 20. Jahrhundert der Fall war. Es ist zu erwarten, daß diese Orte mit Schutz- und/oder Rückzugsfunktionen auch in einer Statistik der Einwohnerzahlen nach Höhenstufen deutlich in Erscheinung treten werden.

# 3 Die Bevölkerungsverteilungen und Bevölkerungsbewegungen nach Höhenstufen

## 3.1 Allgemeine Vorbemerkungen

Über Größe der Bevölkerungsdichte und Umfang der Bewegungen in griechischen Gebirgsräumen kann man durch die nach Lokalitäten sehr detailliert geführten Statistiken eine ausgezeichnete Auskunft bekommen. Die Zählungen wurden nicht nur auf der Gemeindeebene durchgeführt. Vielmehr wird innerhalb der Gemeinden auch zwischen den zu ihr gehörenden Ortschaften unterschieden, die eigene Höhenzahlen haben. Dies ermöglicht sehr genaue Angaben über die Bewohnerzahlen in den einzelnen Höhenstufen. Die Höhenangaben werden im allgemeinen in glatten 10 $m$-Sprüngen gemacht. Bei den großen Reliefunterschieden Griechenlands von 0 $m$ NN (Küste) bis 2917 $m$ NN (Thessalischer Olymp) und der allgemein großen Reliefenergie pro $km^2$ sind Höhenstufen mit 100 $m$ Vertikaldistanzen – was Genauigkeit und Feinheitsgrad anbetrifft – eine geeignete Einteilung.

Darüber hinaus erlauben in Einzelfällen Kombinationen von amtlichen Statistiken mit solchen Zahlenangaben, die von Reisebeschreibungen des ausgehenden 19. Jahrhunderts stammen, bevölkerungsgeographische Gunst- oder Ungunsträume im Zusammenhang mit physiogeographischen Fakten über einen längeren Zeitraum beispielhaft vorzustellen. Dabei kann auch deutlich gemacht werden, wie vielgliedrig die Palette der Anlässe ist, die solche Bevölkerungsbewegungen steuern. Sie reichen von lokalen Einflußnahmen einzelner Bewohner über solche Vorgänge aus unmittelbar benachbarten Siedlungen bis zu überregionalen politischen und/oder wirtschaftlichen Vorgängen.

Die in dieser Arbeit verwendeten Zahlen entstammen den Zählungen von 1961 und 1981 (s. "Office National de Statistique des Royaume de Grèce", Vol. 1, Athènes 1964 und "République Hellénique Office National de Statistique de Grèce", Athènes 1982). In beiden Fällen wurden die Angaben zur "Population de fait" (de-facto-Bevölkerung, d.h. die zur Zeit der Zählung im Ort anwesende Bevölkerung) und nicht jene aus der Rubrik "Inscrits aux Registres de la Commune" (= de-jure-Bevölkerung) entnommen. Im übrigen ist dieser Zeitraum 1961 bis 1981 für die allgemeinen Bevölkerungsbewegungen in Griechenland besonders typisch, weil damit sowohl der Boom der Wanderbewegungen innerhalb des Landes als auch jener nach außerhalb eingefangen werden konnte.

Während bei der Zählung 1961 Berechnungen über die Bevölkerungszahlen nach Höhenräumen in 100 $m$-Stufen für Regionen (z.B. Peloponnes), Nomoi und Eparchien gedruckt vorliegen, mußten diese für 1981 von mir berechnet werden[3].

## 3.2 Höhenstufung und Wanderungen der Bevölkerung in ausgewählten Großräumen Südgriechenlands

Sowohl bei einem Überblick über ganz Griechenland als auch über die einzelnen Regionen wie Thessalien, Peloponnes, Makedonien u.a.m. stellt man fest, daß die Bevölkerung naturgemäß von den Tiefländern – oft gleichzusetzen mit den Küsten – zur Höhe hin abnimmt. Dieser Abnahmetrend wird in der Höhenstufe zwischen 500 und 600 $m$ NN bzw. 600 und 700 $m$ NN unterbrochen. In Gesamtgriechenland beträgt die Zunahme dort gegenüber der tieferen Stufe rund 10 %. Die Abnahme in der angrenzenden höheren Stufe fällt mit rund 30 % deutlicher aus. Bei einem solchen Gesamtbild wird man kaum einen für ganz Griechenland gültigen Grund angeben können.

Besser als für Gesamtgriechenland sind die Beziehungen von Bevölkerungszunahme in gebirgigen Höhenstufen zu physiogeographischen Fakten für kleinere Raumeinheiten wie Einzellandschaften zu erarbeiten bzw. zu begründen. Für solche Untersuchungen eignen sich höhenstufenreiche Räume wie die Peloponnes oder die Insel Kreta besonders gut.

### 3.2.1 Die Peloponnes

Einen ersten charakteristischen Eindruck von der Bevölkerungsverteilung auf der Peloponnes (**Abb. 4**) gewinnt man mit Hilfe einer Dichteberechnung (1981: Einwohner pro $km^2$):

| Nomos | mit Städten | ohne Städte |
|---|---|---|
| Argolis | 42 | 37 |
| Arkadia | 24 | 19 |
| Achaia | 86 (Patras) | 42 |
| Elis (Ileia) | 60 | 52 |
| Korinthia | 54 (Korinth) | 44 |
| Lakonia | 26 | 22 |
| Messinia | 53 (Kalamata) | 39 |

---

[3]In Anbetracht der Tatsache, daß im Laufe der Zeit manche Gemeindeteile aufgegeben wurden oder auch Namensänderungen und Zusammenlegungen stattgefunden haben, sind kleinere Fehler bei den Einwohnerzahlen möglich. Sie verfälschen aber auf keinen Fall des Gesamtbild der Wanderungstendenzen.

12

Ob mit oder ohne Kapitale ist die Bevölkerungsdichte auf der Peloponnes sehr unterschiedlich, was u.a. auch auf ein sehr heterogenes Bild des Naturhaushalts zurückgeführt werden kann.

Was die Höhenstufung anbetrifft, so fällt bei Durchsicht der Bevölkerungsstatistik für die Peloponnes auf, daß zwischen 600 und 700 $m$ NN ein deutlicher Anstieg der Bevölkerungszahl zu registrieren ist (Fig. 1). Die Fakten sind:

|  | Einwohner in $m$ NN |  |
|---|---|---|
| 1961 |  | 1981 |
| 43.789 | 500 – 599 | 28.859 |
| 71.813 | 600 – 699 | 58.659 |
| 45.977 | 700 – 799 | 31.013. |

Dies bedeutet eine Zunahme von der tieferen Stufe 500 – 599 $m$ zur höheren 600 – 699 1961 von 76 % bzw. 1981 sogar von 112 % und eine Abnahme von dort zur höheren Stufe 700 – 799 $m$ 1961 um 37 % bzw. 1981 um 48 %. Der Hauptgrund für den hohen Bevölkerungsanteil in der Stufe zwischen 600 – 699 $m$ sind die weitgespannten Becken und Poljen von Arkadien (Nomos Arkadia: Eparchie Mantineia; Fig. 7.2), die geomorphologisch und bodenkundlich geeignete Ebenheiten für Ackerbau und damit Ansiedlungen bieten. Das gilt auch für die benachbarte Eparchie Ileia (Nomos Elis (Ileia); Fig. 4.2), die sich mit ähnlich günstigen physiogeographischen Voraussetzungen nach Osten anschließt. Hier beträgt die auffallende Zunahme der Bevölkerung in der Höhenstufe um 600 $m$ NN 1961 40 % bzw. 1981 etwa 50 % gegenüber der tieferen Stufe.

Durchleuchtet man diese geschilderte allgemeine Tendenz für die Peloponnes regional detaillierter, so wird der Zusammenhang von geomorphologischen und geologischen Fakten mit Bevölkerungsverdichtungen in bestimmten Gebirgsstufen noch deutlicher.

Schon MAULL (1921) hatte in einem Vergleich zwischen der Peloponnes und dem südlichen Mittelgriechenland im Bezug auf das fluviale Relief für beide Großräume mehrere Oberflächenformen unterschieden und systematisch geordnet. Hier interessieren weniger die morphogenetischen Fragen als vielmehr die Morphographie, das äußere Bild der Form. Die peloponnesischen Abtragungsflächen ”sind keine weitgespannten Ebenheiten, sondern Flußverebnungsflächen, die in ihrer Entstehung an einzelne Talkammern gebunden sind” (MAULL, 1921: 101). Schöne Beispiele für die Siedlungsgunst dieser flußbezogenen Flachformen bieten die Talzüge des Alfeios, Ladon und Erimanthos in der Eparchie Gortynia.

Dort liegen Terrassen in rund 200, 600 und 700 $m$ NN, die gegenüber den darunter- bzw. darüberliegenden Hangzonen auffallend hohe Bevölkerungsdichten aufweisen (Fig. 7.4). In derselben Eparchie ist die im Vergleich zu den benachbarten Gebieten höhere Bevölkerungsdichte um 1000 $m$ NN ebenfalls einer geomorphologischen Gunst zuzuschreiben: Es sind – nach MAULL(1921) – Gebiete an den Wasserscheiden, die leicht eingeebnet sind und dadurch einer großen Zahl von Wohnstätten Platz bieten.

Ein zweiter Grund für unvermittelt in Höhen der arkadischen Gebirge auftretende hohe Bevölkerungszahlen ist mit geologisch-tektonischen Fakten verbunden. Mit der tertiären Hebung im Miozän und Pliozän sowie gleichzeitigen Abtragungsvorgängen sind an den Flanken der Kalkgebirge Verebnungsformen entstanden. Sie sind besonders gut an der Ostflanke des Parnons in der Eparchie Kynouria zwischen 500 und 600 $m$, 800 und 950 $m$ und um 1100 $m$ NN ausgebildet (Fig 7.3). Genau in diesen Höhenstufen sind gegenüber der höheren bzw. tieferen Nachbarschaft auffallende Bevölkerungszunahmen festzustellen.

Last not least sei auf die oben bereits erwähnten Becken und Poljen als Träger ausgedehnter Siedlungen mit der Stadt Tripolis in 700 $m$ NN verwiesen (vgl. auch HAVERSATH, 1989:24-27; Fig.7.2). Umrahmt von hohen Gebirgen, hat sie mit ihrem Umland eine typische Polislage. Tiefgründige Sedimente erlauben einen der Höhenlage angepassten ausgedehnten Anbau (Getreide, Wein), bzw. eine zum Gebirge hin orientierte Viehwirtschaft.

Eine ähnliche orographische Gunst genießt die Stadt Megalopolis in der gleichnamigen Eparchie (Fig. 7.1). Hier bilden geomorphologisch sowohl die Flußknoten von Alfeios und Elisson als auch ihre alten Talböden beckenähnliche Ausräume, die zur Besiedlung eingeladen haben, worüber schon STRABO (Geographie VIII: 388) in einem anderen Zusammenhang berichtet hat. In der Übersetzung von G. von REUTERN (1969) heißt es: "Denn die Städte, die einst berühmt waren, sind durch die dauernden Kriege zerstört worden, und die Landbevölkerung hat ihre Äcker seit jener Zeit verlassen, als die meisten Städte zu der sogenannten Großen Stadt (Megalopolis) zusammengesiedelt wurden". Darüber hinaus liefert diese Eparchie schöne Beispiele für die Bedeutung der abgeflachten Talscheiden um 800 $m$ NN als günstige Siedelplätze für schutzsuchende Bevölkerung.

Ein vielschichtiges geomorphologisches und tektonisches Spektrum der Gunst oder Ungunst für menschliche Ansiedlungen bietet die Eparchie Lakonia (Nomos Lakonia) und ihre Anrainer (Fig. 3.2). Da ist zunächst die Ebene von Sparta mit dem Evrotas, die eine seit dem Tertiär mit Sedimenten aufgefüllte, in 200 – 300 $m$ NN liegende Flachform darstellt. Mit der ausgezeichneten Anbaumöglichkeit ist eine hohe Besiedlungsdichte verbunden. Die Orte gruppieren sich auf alten Schutt-Lehm-Kegeln der Talschluchten, die aus dem Taygetos kommen (SCHNEIDER, 1987). Sie führen reichlich und gutes Wasser. Nach Abzug der Türken haben sich zahlreiche Kleindörfer zu größeren Siedlungen entwickelt (z.B. Xiro-kambi).

Diese Ebene korrespondiert nach Süden zum Meer hin mit marinen Küstenterrassen (Eparchie Oitylon: Fig. 3.1). Ihre hydrologischen Verhältnisse sind infolge des rein kalkigen Untergrundes und der unmittelbar benachbarten Grundwasserbasis Meer so labil, daß die Bewohner lange Zeit von Zisternenwasser leben mußten. Diese Siedlungen waren mit steigenden Lebensansprüchen die ersten, die einen starken Bevölkerungsrückgang zu verzeichnen hatten:

Gemeinde Oitylon:

| 1889: | 1224, |
|---|---|
| 1928: | 974, |
| 1961: | 860, |
| 1981: | 507 |

(vgl. PHILIPPSON, 1959:436).

Oberhalb der großen Ebene von Sparta folgt in Richtung Taygetos eine Zone schärfster Zerschneidung, die fast überall Cañonformen mit über 100 $m$ hohen Talwänden angenommen hat (vgl. auch MAULL, 1921: 105, Tab. II). Von diesen Talrändern erstreckt sich zwischen 500 und 600 $m$ NN eine wellige Flachform, die gebirgseinwärts an einer Bruchlinie endet. Auf dieser tektonisch bedingten Stufe ist inselartig Anbau möglich. Auch die obersten Talhänge eignen sich für agrare Nutzung durch Baumkulturen.

Dort, wo durch Querverwerfungen diese Stufe unterbrochen ist, reichen die höherliegenden Gebirgsteile – aus Schiefer bestehend – in steilen Abstürzen bis zur Evrotas-Ebene. Der Schiefer streicht in 700 – 800 $m$ NN unter dem kammbildenden, über 2000 $m$ NN hohen Tripolitza-Kalk aus. An dieser Grenze treten unzählige, wasserreiche Quellen aus und schaffen in diesen Höhen ein breites Band von Ursprungstrichtern für Täler. Die Bäche zerlegen den Schiefer in zahlreiche Riedel. Die Unebenheit dieser Formen läßt nur einen begrenzten Anbau zu, so daß Ansiedlungen – meist Fluchtorte – eine sehr kleine Ernährungsbasis haben. Nach Abzug der Türken aus der Ebene zogen die meisten Bewohner dort hinunter, andere wanderten ins Ausland, vorwiegend nach Kanada, aus. Ein ähnliches Schicksal erlitten die in gleicher Höhe auf tektonischen Mulden aufgebauten Dörfer zwischen den Taygetosketten.

Beispiele:

| | NN | 1889 | 1928 | 1961 | 1981 |
|---|---|---|---|---|---|
| Georgitsion | 934 *m* | 1900 | 1646 | 984 | 594 |
| Akovos | 800 *m* | 937 | 987 | 506 | 283 |
| Dyrakion | 819 *m* · | 1005 | 823 | 613 | 345 |
| Pigadia | 885 *m* | 374 | 453 | 9 | 20 |
| Koumousta | 700 *m* | (1000 | 300) | 42 | 6 |

(nach Auskunft des Leiters des Gymnasiums Xirokambi).

Die Gemeinde Akovos gehört zum Nomos Arkadia (Eparchie Megalopolis).

Die Gemeinde Pigadia gehört zum Nomos Messinia (Eparchie Kalamata).

Alle anderen Orte liegen im Nomos Lakonia (Eparchie Lakedaimon).

Faßt man die natürlichen Voraussetzungen für Höhensiedlungen in Lakonia zusammen, so sind dies in erster Linie Ebenheiten an Bruchstufen und Wasserreichtum an Gesteinsgrenzen, kombiniert mit Talursprungsmulden im Gebirge. Daneben dürfte der Schluchtcharakter der steilen Täler eine gewisse Schutzfunktion ausgeübt haben. Schließlich sind die Siedlungen in eine artenreiche Waldstufe gelegt worden, die noch heute bis 800 *m* NN von immergrünen Eichenwäldern (Quercus ilex, Q. coccifera und Q. Frainetto), oberhalb 900 *m* NN von Tannen (Abies) und über 1000 *m* NN von Tannen-, Ahorn- und Hainbuchenwäldern (Abies, Acer und Carpinus) gebildet wird.

Geologisch-sedimentologisch und geomorphologisch hat die Eparchie Elis (Ileia) ein einheitliches Gesicht (Fig. 4). Sie wird von Konglomerattafeln mit unterlagernden Sandmergeln aufgebaut (vgl. PHILIPPSON, 1892: 317). Sie bilden ein Schollenland mit durch Brüche und tektonischen Hebungen verstellten Stufenflächen in 300 – 400 *m* NN, 600 – 700 *m* NN und 800 – 900 *m* NN (vgl. auch MAULL, 1921: 105). An den Grenzen von Konglomerat zum Sandmergel treten starke Quellen zu Tage. Nach Westen, den Winterregen bringenden Winden exponiert, ist in ganz Elis (Ileia) die Luftfeuchte sehr hoch. Für Hoch-Elis (Ileia) werden zwischen 1000 und 1200 *mm* Regen pro Jahr gemessen. Dieses Gebiet ist daher waldreich mit vorwiegend sommergrünen Eichen, die allerdings im letzten Jahrzehnt große Verluste erlitten haben. Die Küstenebene kann immerhin 800 – 1000 *mm/a* Niederschlag erwarten (LIENAU, 1986: 134-147).

Die oberste Stufenfläche von Kapellis (Foloi) um 850 *m* NN ist zwar besiedelt, wenngleich – auf die Größe der Fläche gesehen – die Einwohnerdichte gering ist (LIENAU, 1976: <30 Einw./$km^2$). Neben einem einfachen Ackerbau in Form der Zweizelgenwirtschaft (vgl.

LIENAU, 1986: Abb. 2) ist hier Viehwirtschaft weit verbreitet, wozu auch die zahlreichen Brachflächen einladen. Anders ist das auf dem tieferen Plateau von Lala (650 $m$ NN), wo reichlich kühles Quellwasser austritt und eine dickere Verwitterungsdecke einen ertragreichen Anbau zuläßt. Die Folge ist eine höhere Bevölkerungsdichte (LIENAU, 1986: 40 – 80 Einw./$km^2$), die bei günstigem Verkehrsanschluß zur Küstenebene örtlich eine bemerkenswerte stabile Einwohnerzahl zur Folge hat.

Beispiele:

|  | NN | 1889 | 1928 | 1961 | 1981 |
|---|---|---|---|---|---|
| Koumani | 650 $m$ | 744 | 852 | 967 | 749 |
| Douka | 575 $m$ | 313 | 564 | 815 | 600. |

Diese Stabilität kann die unterste Stufe der Konglomerattafel von Lykouresi (300 – 400 $m$ NN) trotz ähnlich günstiger Naturausstattung nicht aufweisen. Sie ist zwar – gemessen an der Umgebung – sehr bevölkerungsreich (LIENAU, 1986: 80 – 100 Einw./$km^2$). Aber die Nähe zur Großstadt Patras und zum Fremdenverkehrsraum an der westlichen Elis (Ileia)küste hat von 1961 bis 1981 eine Abnahme von rund 33 % zur Folge gehabt.

Zusammenfassend kann man für Elis (Ileia) zur Frage einer Bevölkerungsagglomeration im Zusammenwirken von Höhenstufen und Naturausstattung sagen, daß sich die Flachformen mit Quellhorizonten als wichtigster siedlungsbildender Faktor erwiesen haben. Sie haben mit einer ausreichenden Wasserversorgung agrare Anbaumöglichkeiten eröffnet. Eine regionale Klimagunst in der Höhe dürfte angesichts der zum Meer hin offenen, ebenfalls regenreichen Küstenebene keinen besonderen Einfluß auf die Auswahl der Siedelplätze gehabt haben.

Die nördliche Peloponnes mit den Nomoi Achaia und Korinthia wird durch zahlreiche tektonisch bedingte Stufen – parallel zum Golf von Korinthia – aufgebaut. Diese durch Querverwerfungen zerstückelten Platten bestehen aus Konglomeraten und Mergelschichten. PHILIPPSON (1959: 163) gibt an, daß diese Landschaft schon "im Altertum dicht mit Dörfern und Einzelhöfen besiedelt gewesen ist, und daß man das ausgezeichnete Wasser, was die verschiedenen großen Quellen in unerschöpflicher Menge liefern, in mehreren Wasserleitungen in die Ebene geleitet hat". Diese Plateaus jungtertiärer Ablagerungen zwischen 300 und 500 $m$ NN sowie zwischen 700 und 900 $m$ NN sind Hauptsiedlungsträger in den Nomoi Achaia und Korinthia (Fig. 6 und 5). Neben Quellenreichtum und ebenem, für Getreide und Mais anbaufähigem Terrain sind sicherlich auch die hohen Niederschläge um mehr als 1000 $mm/a$ für dieses Siedlungsbild verantwortlich. Bemerkenswert ist die

Tatsache, daß trotz der Küstennähe und der Nähe zu den Städten Patras und Korinthia diese Siedlungen ihre hohe Einwohnerzahl seit 100 Jahren relativ konstant gehalten haben:

|  | NN | 1889 | 1928 | 1961 | 1981 |
|---|---|---|---|---|---|
| Kryonerion | 740 m | 654 | 1013 | 1067 | 964 |
| Manna | 860 m | 700 | 1024 | 909 | 721 |
| Kessarion | 880 m |  |  | 602 | 538 |
| Klimention | 960 m |  |  | 315 | 314. |

Dies gilt aber nicht für alle Ortschaften in diesem Höhenraum, denn im Durchschnitt nahm die Einwohnerzahl zwischen 700 und 900 m NN von 1961 bis 1981 in den Eparchien des Nomos Achaia um rund 30 %, im Nomos Korinthia um 17 % ab (z.B. Fig. 6.1 und 6.2).

Flachformen wie Randstufen bei Mykene und hochgelegene Mulden bestimmen das geomorphologische Bild der Gebirge von Argolis (Fig. 8). Sie liegen zwischen 500 und 600 m NN und stellen als Karstformen ein Geflecht von Ebenen dar. Reich an Feinmaterial bieten sie großen Siedlungen Anbauflächen. Wasserversorgung und Verkehrsanschluß an die Küstenebenen von Argolis, Navplion und Epidavros sind so gut, daß die Bevölkerung kaum abgewandert ist (vgl. Fig. 8.1, 8.2 und 8.3) und wie im Detail das Dorf Limnai in der Eparchie Argos (520 m NN) zeigt:

1889: 1007      1928: 1354      1961: 1429      1981: 1235.

Damit sind auch die Siedlungen in den Tiefenstufen wenig gewachsen, wie das Beispiel von Nea Epidavros in der Eparchie Navplia (120 m NN) erkennen läßt:

1889: 1183      1928: 1068      1961: 1246      1981: 1381.

"Messenien ist eine der wasserreichsten Landschaften Griechenlands", so schreibt PHILIPPSON (1959: 374). Er fährt fort: "Viele, selbst kleine Flüsse, führen das ganze Jahr Wasser, und fast nirgends fehlt es an Quellen, da der Kalk keine größeren Flächen einnimmt, ohne daß undurchlässige Hornsteine und Schiefer darunter vorkommen". Damit ist auch gleichzeitig die physiogeographische Grundlage charakterisiert, die für die Anlage von

18

Gebirgssiedlungen maßgebend ist. Kleinflächige Ebenheiten in 300 bis 400 $m$ NN in den Eparchien Trifylia und Kalamata im Nomos Messinia sind Träger größerer Orte (Fig. 2.1 und 2.4). Es sind jungtertiäre Flyschplateaus, die sich als pliozäne Einebnungsflächen entwickelt haben. Die Flachformen sind von sandigem Verwitterungslehm bedeckt, der einen ertragreichen Anbau erlaubt. In den Eparchien Messinia und Pylia im gleichen Nomos boten sich als Siedlungsträger tertiäre Küstenterrassen zwischen 200 und 300 $m$ NN an (Fig. 2.3 und 2.2). Der Niederschlagsreichtum an der West- und damit Luvseite der Peloponnes sorgt trotz des kalkigen Untergrundes für ausreichendes Trinkwasser.

Zusammenfassung:

In der folgenden Übersicht sind die Flachformen in den Gebirgen der Peloponnes zusammengestellt, die in geomorphologischen Arbeiten von PHILIPPSON (1892; 1959), MAULL (1921), HEMPEL (1984) und SCHNEIDER (1987) beschrieben worden sind. Von singulären Verebnungen abgesehen, sind in der Liste alle landschaftsbestimmenden geomorphogenetischen Gesichtspunkte enthalten. Sie korrepondieren nahezu "umkehrbar eindeutig" mit den Häufungsmaxima der Einwohnerzahlen. Die Anbaufähigkeit der Verebnungen resultiert sowohl aus der Sammelfunktion für Lockermaterial als auch aus dem Schutz vor Bodenerosion. Der Wasserreichtum solcher Flachformen im Gebirge ist die Folge von Quellschüttungen an tektonischen Störungslinien und/oder Gesteinsgrenzen. Besondere Bedeutung gewinnt auch der im allgemeinen höhere Niederschlag der Gebirgsräume.

Geomorphologische Flachformen und Quellen auf der Peloponnes

| m (NN) | 200 bis 300 | 300 bis 400 | 400 bis 500 | 500 bis 600 | 600 bis 700 | 700 bis 800 | 800 bis 900 | 900 bis 1000 | 1000 bis 1100 | 1100 bis 1200 |
|---|---|---|---|---|---|---|---|---|---|---|
| **Elis (Ileia)** | | | | | | | | | | |
| Ileia | | gSch+Q | | | gSch+Q | | gSch+Q | | | |
| **Lakonia** | | | | | | | | | | |
| Lakonia | Schw | | | wH | | U+Q | | M+Q | | |
| Oitylon | KT | | | | | | | | | |
| **Arkadia** | | | | | | | | | | |
| Ghorthynia | FT | | | | FT | FT | | | Wsch | Wsch |
| Kynouria | | | | R | | | R | | R | |
| Mantineia | | | | | P+Q | | | | | |
| **Argolis** | | | | | | | | | | |
| Navplia | | Rst | | | | | | | | |
| Argos | KE | | | M+Q | | | | | | |
| **Messinia** | | | | | | | | | | |
| Trifylia | | KF+E | | | | | | | | |
| Kalamata | | KF+E | | | | | | | | |
| Messinia | KT | | | | | | | | | |
| **Achaia +** **Korinthia** | | tSt+Q | | | | tSt+Q | | | | |

Legende:

| | | | |
|---|---|---|---|
| E | = Ebenheiten | Q | = starke Quellen |
| FT | = Flußterrassen | R | = Rumpfflächen |
| gSch | = gesteinsbedingte Schollen | Rst | = Randstufen |
| KE | = Kesselebenen | Schw | = Schwemmebene |
| KF | = Kleinflächen | tSt | = tektonische Stufen |
| KT | = Küstenterrassen | U | = Ursprungstrichter |
| M | = Mulden | wH | = wellige Hochflächen |
| P | = Poljen | Wsch | = Wasserscheiden |

## 3.2.2 Die Insel Kreta

Die Insel Kreta (Abb. 5) unterscheidet sich von der Peloponnes mit Blick auf die Fragestellung des Aufsatzes in zweierlei Hinsicht. Zum einen hat die Bevölkerung in den letzten 20 Jahren um rund 4 % zugenommen, wohingegen die der Peloponnes einen Verlust von rund 8 % erlitten hat. Dieser Verlust ist eingetreten, obwohl größere Küstenstädte wie Patras, Korinthia oder Kalamata attraktive Angebote zur Beschäftigung gemacht und gute

Wohnmöglichkeiten geschaffen haben. Auch kleinere Städte im Landesinneren wie Sparta oder Tripolis verbesserten ihre Lebens- und Wohnqualitäten. Zum anderen ist die geomorphologische Struktur der Insel Kreta eine andere als die der Peloponnes, wie weiter unten noch zu besprechen sein wird.

Mit Blick auf das Klima, das für die Verteilung der Bevölkerung vor allem wegen des Wasserangebots von besonderer Bedeutung ist, ähneln sich beide Gebiete. Die Hochgebirge Kretas erzeugen wie die der Peloponnes Staueffekte, die zu hohen Niederschlägen führen. Folgende Durchschnittswerte wurden in 35 Jahren gemessen:

| | | |
|---|---|---|
| Ida Oros: | Anogeia (740 $m$ NN): | 1109 $mm/a$ |
| Dikti Oros: | Tzermiades (820 $m$ NN): | 1489 $mm/a$ |
| | Kato Metochi (1150 $m$ NN): | 1450 $mm/a$ |
| | Amolos Viannos (1400 $m$ NN): | 1050 $mm/a$. |

Aber auch die unteren Gebirgsstufen auf der Nord- und Westseite der Insel empfangen große Niederschlagsmengen:

| | | |
|---|---|---|
| Station Vamos | (Westkreta: 400 $m$ NN): | 1145 $mm/a$ |
| Station Zaros | (Mittelkreta: 380 $m$ NN): | 838 $mm/a$. |

Dort, wo auf Kretas leelagigen Süd- und Ostflanken in Meereshöhe die Niederschläge spärlicher fallen wie in

| | |
|---|---|
| Palaiochora (0 $m$ NN): | 562 $mm/a$, |
| Gortys (120 $m$ NN): | 570 $mm/a$, |
| Ierapetra (0 $m$ NN): | 548 $mm/a$ |
| oder Siteia (0 $m$ NN): | 481 $mm/a$, |

erhalten die benachbarten Gebirgslagen so ausreichende Wassermengen, daß es für die Bevölkerung, die im Regenschatten wohnt, nicht zu Versorgungskalamitäten kommt. Man kann zusammenfassend sagen: In den Hauptgebieten der Gebirgssiedlungen zwischen 500 und 700 $m$ NN kann man auch in der Leelage der Insel mit ca. 800 $mm/a$, einer mitteleuropäischen Jahresmenge, rechnen.

Die Wasserversorgung der Insel bekommt noch eine besondere Note durch zwei Fakten. Erstens sind durch den tektonischen Deckenbau der Gesteine zusammenhängende Einzugsgebiete geschaffen worden, die stetig sprudelnde Quellen zur Folge haben (vgl. Abb. 2).

Zweitens ist Kreta – gemessen an seiner Fläche – vergleichsweise reich an Höhenräumen über 1500 $m$ NN. Dies bedeutet auch gleichzeitig, daß sich im Winter über weite Flächen hohe Schneedecken entwickeln. Diese liefern bei der Schmelze bis weit in den Sommer hinein zusätzliches Wasser.

Dieser Ähnlichkeit Kretas gegenüber der Peloponnes steht eine Unähnlichkeit in der Bevölkerungsverteilung gegenüber. Kreta besitzt eine gleichmäßigere Dichte, wenn man die städtischen Zentren der Nomoi ausklammert. So lauten die Zahlen (Einw./$km^2$ 1981):

| Nomos | ohne Hauptstadt | mit Hauptstadt |
|---|---|---|
| Chania | 33 | 53 |
| Rethymni | 30 | 42 |
| Lasithion | 34 | 39 |
| Irakleion | 54 | 92. |

Lediglich die Inselhauptstadt Irakleion strahlt, was die Einwohnerdichte anbetrifft, verständlicherweise ins benachbarte Umland aus.

Außerhalb der Küstenzone ist die erste Dichtestufe auf Kreta zwischen 350 und 500 $m$ NN ausgebildet (Fig. 9). Sie ist in allen Nomoi zu finden (Fig. 10, 11, 12 und 13). Die naturgeographische Gunst ist durch verschiedene Faktoren gegeben. In dieser Höhe ist die sommerliche Temperatur um $3 - 5^0 C$ gegenüber der heißen Küstenzone gedämpft. Die Bodenverhältnisse sind infolge weicher Ausgangsgesteine wie tertiärer Mergel, sandiger Tone, mariner Sande und Kalke im Vergleich zum benachbarten Gebirge für Anbau günstiger. Vom Relief her besteht die Gunst in der weiten Verbreitung von Ebenheiten. Allerdings ist die Größe dieser Flachformen von Eparchie zu Eparchie verschieden.Als sinnvollen Indikator für die Folgen dieser Unterschiede hat sich eine Berechnung des Verhätnisses von Anzahl der Ortsteile zur Anzahl der Gemeinden erwiesen, wie die folgende Tabelle zeigt:

|  |  |  | Ortsteile | Gemeinde | Quotient |
|---|---|---|---|---|---|
| Nomos | Lasithi |  | 297 | 90 | 3,3 |
|  | Eparchie | Ierapetra | 54 | 17 | 3,2 |
|  |  | Mirambello | 111 | 25 | 4,4 |
|  |  | Siteia | 110 | 36 | 3,0 |
|  |  | Lasithi | 22 | 12 | 1,8 |
| Nomos | Chania |  | 490 | 163 | 3,0 |
|  | Eparchie | Apokoronas | 69 | 34 | 2,0 |
|  |  | Kissamos | 173 | 52 | 3,3 |
|  |  | Kydonia | 125 | 52 | 2,4 |
|  |  | Selinon | 97 | 16 | 6,0 |
|  |  | Sfakia | 26 | 9 | 2,8 |
| Nomos | Rethymni |  | 266 | 133 | 2,0 |
|  | Eparchie | A. Vasileios | 53 | 26 | 2,0 |
|  |  | Amarion | 40 | 26 | 1,5 |
|  |  | Mylopotamos | 87 | 39 | 2,2 |
|  |  | Rethymni | 86 | 42 | 2,0 |
| Nomos | Irakleion |  | 433 | 196 | 2,2 |
|  | Eparchie | Viannos | 37 | 11 | 3,3 |
|  |  | Kainourgion | 65 | 31 | 2,0 |
|  |  | Malevizion | 57 | 31 | 1,8 |
|  |  | Monofation | 109 | 38 | 2,8 |
|  |  | Pedias | 112 | 62 | 1,8 |
|  |  | Pyrgiotissa | 19 | 11 | 1,7 |
|  |  | Temenos | 34 | 10 | 3,4 |
| Kreta |  |  | 1486 | 582 | 2,5 |

Sind die Mergelzonen durch ein dichtes Talnetz reich gegliedert – eine Folge hoher Niederschläge am Ort und/oder reicher Wasserzufuhr von benachbarten Hochgebirgen – und die bebaubaren Flächen klein, so ist der Quotient der als statistisch selbständig aufgeführten Ortsteile pro Gemeinde auffallend hoch. Folgende Konvergenzen von reich gegliedertem Relief mit neogenen Gesteinen und hoher Ortsteilzahl bestehen:

| | |
|---|---|
| Ierapetra | 3,2 Ortsteile pro Gemeinde |
| Siteia | 3,0 |
| Kissamos | 3,3 |
| Viannos | 3,3 und |
| Temenos | 3,4. |

Für die hohen Quotienten im Falle der Eparchien Mirambello (4,4) und Selinon (6,0) sind andere Gründe verantwortlich (Fig. 13.2 und 10.2). Die Eparchie Selinon liegt im äußersten Westen der Insel und damit in einer starken Luvlage. Hohe Niederschläge und die bunte Gesteinsmischung der Phyllit-Quarzit-Serie fördert einen Quellenreichtum, der eine lebhafte Zergliederung des Reliefs zur Folge hatte. In der Eparchie Mirambello sind die Verhältnisse ganz anders. Zwischen 250 und 400 $m$ NN liegt die Oberfläche einer Plattenkalk-Tafel. Sie ist hochgradig wasserdurchlässig, hat kleine, unterirdische Wasserreservoirs und läßt daher auch nur kleine Siedelplätze zu.

Von ganz anderer Größenordnung sind die Ortsteilzahlen in Gemeinden, die auf großen Ebenheiten neogener Gesteine liegen. Ein gutes Beispiel ist der Nomos Rethymni. Infolge des Plattenkalkmassivs des Ida Oros und seiner starken Verkarstung können sich am Rande des Hochgebirges nur wenige Gewässer formieren, so daß hier große Plateaus entstanden sind. Im übrigen Nomos Rethymni fehlen höhere Gebirge, von denen oberirdisch Bäche ausgehen könnten. Die Nordabdachung ist daher wenig gegliedert. Die Gemeinden sind relativ geschlossen wie die Quotienten von 2,0 für den Gesamtnomos Rethymni sowie zwischen 1,5 und 2,2 für die einzelnen Eparchien zeigen.

Bunt ist das Mosaik der Reliefformen, die auf Kreta in Höhen um 600 $m$ NN günstige Plätze für Ansiedlungen bringen. In der Eparchie Kydonia (Westkreta; Fig. 10.3) sind es kesselartige Talursprünge, deren Verebnungen Kleindörfer mit rund 100 Einwohnern tragen. Auch hier bieten neogene Mergel und sandige Tone sowie Konglomerate und Tonschiefer der Phyllit-Quarzit-Serie einen guten Boden. Im Nomos Rethymni (Fig. 11) sind die Hänge und Hochebenen des Beckens von Amarion Träger zahlreicher größerer Dörfer. Hinzu kommt die günstige Wasserversorgung vom benachbarten Ida Oros (2400 $m$ NN) und Kedros Oros (1700 $m$ NN), auf deren Kämme die Grenzen der Eparchie Amarion verlaufen (Fig. 11.3).

Ganz ähnlich sind die Gesteins- und Reliefvoraussetzungen für die Siedlungsgunst auch an der Südseite der Insel in den Eparchien Aghios Vasileios (Nomos Rethymni; Fig.11.4) bzw. Viannos (Nomos Irakleion; Fig. 12.7). Um 600 $m$ NN eröffnen breite "Randterrassen" zum Meer hin Möglichkeiten für große Dörfer mit rund 300 Einwohnern. In beiden Fällen spielt die gute Wasserversorgung von den benachbarten Hochgebieten (u.a. Dikti Oros über 2000 $m$ NN) eine besondere Rolle für diese Ansiedlungen.

In der Eparchie Kainourgion (Nomos Irakleion; Fig. 12.6) erlauben die wenig zerschnittenen neogenen Randhöhen über der Messara-Ebene naturgemäß große Gemeinden. Mit dem Durchschnitt von rund 500 Einwohnern pro Dorf nehmen sie auf Kreta einen Platz im oberen Drittel ein.

Eine in der Vertikalen letzte Massierung der Bevölkerung auf Kreta liegt in Höhen um

700 bis 800 *m* NN (Fig. 9). Es ist dies jene Reliefstufe, ab der oberhalb zwischen 800 und 900 *m* NN die Hochgebirgsformen mit Steilhängen und skelettierten Böden beginnen. Im Falle der Eparchie Sfakia (Fig. 10.1) ist es eine tektonisch verstellte Scholle, die zahlreiche Dörfer trägt. In der Eparchie Mylopotamos (Fig. 11.2), sind es eingerumpfte Mittelgebirgspartien, deren Rund- und Flachformen Großdörfern Platz geben (z.B. Anogeia, Livadia, Zoniana). Das Polje von Lasithi in der gleichnamigen Eparchie (Fig. 13.3) stellt eine weit gespannte Hochebene dar, deren Einwohnerzahl dank besonders günstiger Wasserverhältnisse nicht nur hinsichtlich des Trinkwassers sondern auch der Bewässerung der Felder (Kartoffeln, Getreide) über die letzten 100 Jahre trotz klimatischer Ungunst nur um 20 % zurückgegangen ist. Auf der Peloponnes haben Siedlungen in dieser Meereshöhe 30–40 % ihrer Einwohner verloren.

Zusammenfassung:

Ähnlich wie auf der Peloponnes korrespondiert auch auf der Insel Kreta eine Reihe von physiogeographischen Fakten mit besonders großen Häufungen von Einwohnern. Die geomorphologisch bedingten Gunstzonen fallen auf Kreta für Ansiedlungen deshalb besonders ins Gewicht, weil die klimatischen Verhältnisse innerhalb der Insel wegen des allgemeinen Niederschlagsreichtums gegenüber der Peloponnes ausgeglichener sind (Tabelle):

Geomorphologische Flachformen

| $m$ (NN) | 200 bis 300 | 300 bis 400 | 400 bis 500 | 500 bis 600 | 600 bis 700 | 700 bis 800 | 800 bis 900 |
|---|---|---|---|---|---|---|---|
| **Chania** | | | | | | | |
| Kydonia | | MB | | TK | | | |
| Selinon | | | KF | | | | |
| Sfakia | | | | Sch | Sch | | |
| **Rethymni** | | | | | | | |
| A.Vasileios | MB | | | RT | | | |
| Amarion | | | | B | | | |
| Mylopotamos | MB | MB | | | R | R | |
| Rethymni | MB | | | | | | |
| **Irakleion** | | | | | | | |
| Viannos | | | | RT | | | |
| Kainourgion | MB | | | RT | | | |
| Malevizion | | MB | | | | | |
| Monofation | MB | | | | | | |
| Pedias | MB | | | | | | |
| Temenos | | MB | | | | | |
| **Lasithi** | | | | | | | |
| Mirambello | MB | MB | | | | | |
| Siteia | | MB | | | | | |
| Lasithi | | | | | | | P |

Legende:

| | | | | |
|---|---|---|---|---|
| B | = Becken | R | = Rumpfflächen |
| H | = Hochflächen | RT | = Randterrassen |
| KF | = Kleinformen | Sch | = Schollen |
| MB | = Mergelbergland | TK | = Talkessel. |
| P | = Poljen | | |

## 3.3 Wanderungen der Bevölkerung nach den amtlichen Statistiken 1961 bis 1981

Von vorne herein ist zu erwarten, daß in der Bevölkerungsentwicklung nicht nur von Region zu Region erhebliche Unterschiede bestehen. Bei einem so gebirgsreichen Land wie Griechenland wird sich auch eine besondere Abstufung nach der Höhe einstellen. Die Statistik für 1961 hat auf diese Tatsache Rücksicht genommen und eine entsprechende Auszählung nach Stufen im 100-$m$-Abstand in der Vertikalen durchgeführt. Für 1981 feh-

26

len diese amtlichen Angaben und wurden von mir selbst erstellt. Auf diese Weise sind vielfältige Vergleiche möglich. Da die Zeitspanne von 1961 bis 1981 in Griechenland eine solche reger Bevölkerungsbewegungen war, sind so Vorgänge, die für das Land wirtschaftlich und demographisch typisch sind, erfaßt worden.

Mit der Peloponnes und der Insel Kreta sind zwei griechische Großräume ausgewählt worden, die sich demographisch unterschiedlich entwickelt haben. In den folgenden Kurzkommentaren, denen die Zahlen über die Bevölkerungsbewegungen für die Nomoi und Eparchien vorangestellt werden, wird das erläutert.

*Kreta: Bevölkerungsbewegungen von 1961 bis 1981 in % (vgl. auch die Fig. 9 bis 13)*

|  |  |  |  |
|---|---|---|---|
| **Kreta** | *(total)* |  | *+ 3,7* |
| *Nomos* | *Chania* |  | *+ 3,8* |
|  | *Eparchie* | *Apokoronas* | *− 29,4* |
|  |  | *Kissamos* | *− 20,0* |
|  |  | *Kydonia* | *+ 10,8* |
|  |  | *Selinon* | *− 27,7* |
|  |  | *Sfakia* | *− 19,6* |
| *Nomos* | *Rethymni* |  | *− 10,4* |
|  | *Eparchie* | *Aghios Vasileios* | *− 27,1* |
|  |  | *Amarion* | *− 27,8* |
|  |  | *Mylopotamos* | *− 11,9* |
|  |  | *Rethymni* | *± 0,0* |
| *Nomos* | *Irakleion* |  | *+ 16,9* |
|  | *Eparchie* | *Viannos* | *− 23,8* |
|  |  | *Kainourgion* | *− 2,7* |
|  |  | *Malevizion* | *− 11,9* |
|  |  | *Monofation* | *− 3,4* |
|  |  | *Pedias* | *± 0,0* |
|  |  | *Pyrgiotissa* | *+ 11,6* |
|  |  | *Temenos* | *+ 50,0* |
| *Nomos* | *Lasithi* |  | *− 4,3* |
|  | *Eparchie* | *Ierapetra* | *± 0,0* |
|  |  | *Mirambello* | *+ 4,5* |
|  |  | *Siteia* | *− 12,0* |
|  |  | *Lasithi* | *− 22,7* |

*Die Gesamtzunahme betrug von 1961 bis 1981 3,7 %. Besonders stark war sie in den die*

Städte umgebenden Eparchien. Für Irakleion sind es die Eparchien Temenos mit 50 % (Fig. 12.1) und Pyrgiotissa mit 11,6 % (Fig. 12.2), für Chania ist es die Eparchie Kydonia mit 10,8 % (Fig. 10.3). Diese Zunahme auf Kreta führte über eine Zeit mit Abnahme von 1961 bis 1971 um 5,5 % und einer starken Zunahme von 1971 bis 1981 um 10 %. Es bewohnten von der Gesamtbevölkerung Kretas die Küstenebenen und ihre Randhöhen (= 0 - 199 m NN) 1961: 51,2%, 1981: 62,8 %. Die Bevölkerung nahm in den Küstenebenen um 67.373 Einw., d.h. 27,3 %, zu. Die Bevölkerung nahm außerhalb der Küstenebenen (= 200 - 1199 m NN) um 49.676 Einw., d.h. 20,1 %, ab. Hauptgründe für die starke Zunahme in den Küstenebenen sind:

Anwachsen des Fremdenverkehr,
Ausbau der Flughäfen Irakleion und Chania,
Ausbau des innergriechischen Schiffsverkehrs (Fähren) und
Aufbau der Warmbeetkulturen.

Die Ursachen für den Bevölkerungsanstieg in den Küstengemeinden sind dabei eng verknüpft und wechselseitig voneinander abhängig. Wichtigste Einflußgröße dürfte allerdings der Tourismus sein.

28

*Peloponnes: Bevölkerungsbewegungen von 1961 bis 1981 in % (vgl. auch die Fig. 2 bis 8)*

| | | | |
|---|---|---|---|
| **Peloponnes** | **(total)** | | − 7,6 |
| Nomos | Messinia | | − 25,0 |
| | Eparchie | Trifylia | − 27,7 |
| | | Pylia | − 33,3 |
| | | Messinia | − 34,4 |
| | | Kalamata | − 9,0 |
| Nomos | Lakonia | | − 21,7 |
| | Eparchie | Oitylon | − 29,4 |
| | | Lakedaimon | − 20,0 |
| | | Epidavros Limira | − 16,4 |
| | | Gytheion | − 37,0 |
| Nomos | Elis (Ileia) | | − 15,4 |
| | Eparchie | Olympia | − 24,4 |
| | | Ileia | − 15,6 |
| Nomos | Korinthia | | + 9,9 |
| Nomos | Achaia | | + 15,1 |
| | Eparchie | Aigeleia | ± 0,0 |
| | | Kalavrita | − 32,2 |
| | | Patras | + 26,3 |
| Nomos | Arkadia | | − 20,0 |
| | Eparchie | Megalopolis | − 20,0 |
| | | Mantineia | − 14,5 |
| | | Kynouria | − 7,7 |
| | | Gortynia | − 40,0 |
| Nomos | Argolis | | + 3,3 |
| | Eparchie | Navplia | + 5,7 |
| | | Ermionis | ± 0,0 |
| | | Argos | ± 0,0 |

Die Gesamtabnahme betrug von 1961 bis 1981 7,6 %, wobei die Gebiete in extremen Rand- und/oder Höhenlagen besonders starke Verluste hinnehmen mußten wie die Eparchien Messinia mit 34,4 % (Fig. 2.3), Gytheion mit 37,0 % (Fig. 3.4), Kalavrita mit 32,2 % (Fig. 6.2) oder Gortynia mit 40,0 % (Fig. 7.4). Diese Abnahme auf der Peloponnes setzt sich aus zwei Epochen zusammen: eine Zeit der starken Abnahme von 1961 bis 1971 um 10 % und einer schwachen Zunahme von 1971 bis 1981 um 2,6 %. Es bewohnten von der

*Gesamtbevölkerung der Halbinsel die Küstenebenen und ihre Randhöhen (= 0 - 199 m NN) 1961: 59,5 %, 1981: 67,5 %.*

*Die Bevölkerung nahm in den Küstenebenen um 27.078 Einw., d.h. 4,1 %, zu. Die Bevölkerung nahm außerhalb der Küstenebenen (= 200 - 1299 m NN) um 117.475 Einw., d.h. 26,3 %, ab. Hauptgrund für die geringe Zunahme in den Küstenebenen ist Wanderung in das relativ nahe Athen, die nach LIENAU (1989: Abb. 14) je nach Nomos zwischen 50 und 75 % aller Migranten ausmachte. Dies sind zwischen 70.000 und 100.000 Personen.*

Vergleicht man die Tendenzen der Bevölkerungsbewegungen in den beiden Großräumen, so kann man – kurz gefaßt – sagen: Auf Kreta fand vorzugsweise eine Umschichtung von "oben" nach "unten" in kretaeigene Gebiete statt. Dazu kam eine Stabilisierung der Agrarbevölkerung in den Küstenebenen infolge Umstellung der Feldbauwirtschaft auf Intensivkulturen (Warmbeete). Dagegen verließen auf der Peloponnes die Migranten ihren engeren Heimatbezirk direkt weg von der Halbinsel vermehrt in Richtung Athen, aber auch als Gastarbeiter nach Mitteleuropa oder gar als Emigranten ins Ausland.

Naturgemäß verliefen diese Prozesse der Migration nicht unabhängig von naturräumlichen und/oder anthropogenen Besonderheiten. Sie können nur bei regional begrenzten Studien erarbeitet, erläutert und geographisch bewertet werden. Einiges Grundsätzliche soll im folgenden aufgezeigt werden.

Der allgemeine Wunsch von Menschen nach besserer Lebensqualität wie gepflegtes Wohnen, qualifiziertes Arbeiten, umfassende Versorgung, gehobenere Bildung und echte Freizeit ist bekannt. Diese Wünsche sind umso verständlicher, wenn Vorbilder vorhanden sind und sich Möglichkeiten zur Verwirklichung eröffnen. Drei Wege für eine Migration haben sich für die Griechen ergeben: Emigration ins Ausland, Abwanderung in Gunsträume innerhalb Griechenlands oder vorübergehender Arbeitsaufenthalt in anderen, vorwiegend mitteleuropäischen Ländern.

Der Gang ins Ausland wurde oftmals angeregt durch persönliche Beziehungen zu Landsleuten, die bereits im Ausland lebten. Über weitere Gründe für eine Emigration und ihre Folgen haben umfassend LIENAU (1989) und für Einzelfälle im vorigen Jahrhundert PHILIPPSON (1889) berichtet. Zur Arbeitsmigration mit ihren Problemen bei der späteren Reintegration liegen zahlreiche Veröffentlichungen von LIENAU (z.B. 1976; 1977; 1983) und seinen Schülern bzw. zusammen mit HERMANNS (1979; 1981; 1982) vor.

Die Verbesserung der Lebensqualität im Falle einer Umsiedlung innerhalb Griechenlands ist meist auch im engen Zusammenhang mit dem Trend zu sehen, einen von Natur aus unwirtlichen Raum verlassen zu wollen. Gerade die höheren Stufen der Gebirge – auf der Peloponnes oberhalb 600 m NN, auf Kreta oberhalb 500 m NN – sind davon besonders betroffen. Von 1961 bis 1981 büßte die Peloponnes in diesen Höhenstufen über ein Drittel der dort lebenden Bevölkerung – rund 50.000 Bewohner – ein. Auf Kreta ging die Einwohnerzahl um 16.000 zurück. Das ist prozentual eine ähnliche Größenordnung – 35 % – wie auf der Peloponnes. Persönliche Triebfedern für den Weggang aus den Gebirgsräumen waren in erster Linie eine besser bezahlte Arbeit, in Sonderheit auf Kreta im Fremdenverkehr, und günstigere Einkaufsmöglichkeiten. Als sekundäre Gründe wurden ein besserer Verkehrsanschluß und ein breiteres Angebot der schulischen Ausbildung genannt.

Genaue Auskunft über Wege und Gründe der Migration vor allem der Gebirgsbevölkerung erlangt man nur bei Studien auf lokaler Ebene. Ein solcher Weg der Menschen vom Gebirgsdorf zur Ansiedlung in der Ebene soll an zwei Fällen gezeigt werden. Die Gemeinde Koumousta (heute Teil der Gemeinde Xirokambi in der Eparchie Lakedaimon, früher Hauptstadt des Bezirks Pharis: Abb. 3) auf der Peloponnes in 700 $m$ NN hatte Anfang des 19. Jahrhunderts rund 1.000 Einwohner. Es war ein typisches Dorf für ''verdrängte'' Griechen, die in rund 300 Häusern wohnten. Das benachbarte Dorf in der Ebene von Sparta, Xirokambi (300 $m$ NN), hatte zur selben Zeit rund 60 türkische Einwohner in 8 Häusern. Nach Abzug der Türken begann der Rückstrom der Griechen in die Ebene. Die Einwohnerzahlen entwickelten sich wie folgt:

|          | Koumousta |      | Xirokambi  |
|----------|-----------|------|------------|
| rund     | 300       | 1936 | rund 1.000 |
|          | (noch eine eigene Volksschule) | | |
|          | Auswanderungswelle nach Kanada | | |
|          | 99        | 1951 | 1.536      |
|          | 42        | 1961 | 1.335      |
|          | 4         | 1971 | 1.234      |
| de jure  | 6         | 1981 | 1.019      |
| de facto | 0.        |      |            |

Damit ist ein ehemaliges Hauptdorf im Gebirge, das im 19. Jahrhundert bedeutende Verwaltungsfunktionen für ein Dutzend Gemeindeteile hatte, wüst geworden. Umgekehrt ist aus einem kleinen Türkendorf in der Ebene in derselben Zeit ein Großdorf entstanden, das seine Stellung dem Ausbau des Bewässerungsfeldbaus, der Gründung von Geschäften und Handwerksstätten sowie dem guten Verkehrsanschluß verdankt.

Ein zweites Beispiel kommt von der Insel Kreta. Die Eparchie Ierapetra (Fig. 13.4) – im Nomos Lasithi in Ostkreta gelegen – hat seit 1961 kaum Einwohner verloren: 1961: 19.457 Einw.; 1981: 19.309 Einw. Diese Ähnlichkeit der Bevölkerungszahlen trügt. In Wirklichkeit

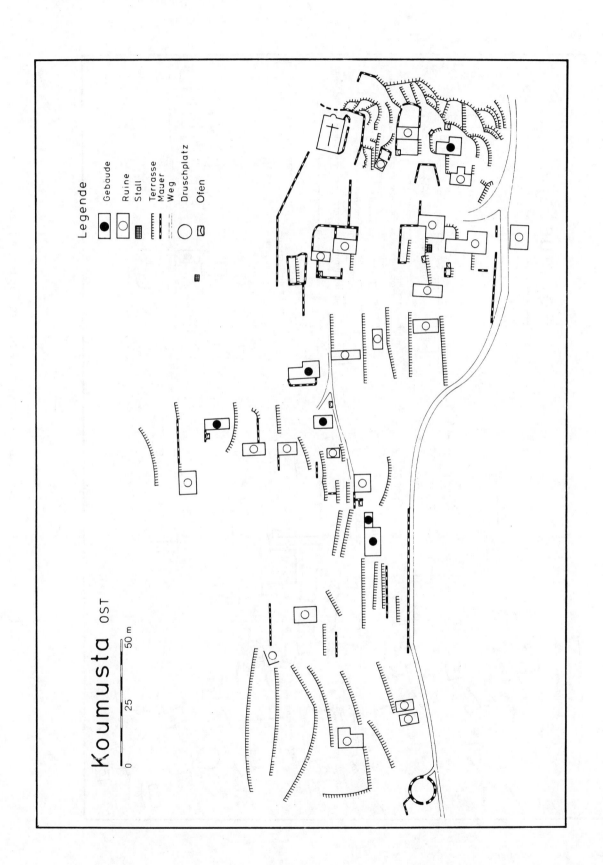

Abb. 3: Die Siedlung Koumousta im Taygetos nahe Sparta (Eparchie Lake-

daimon 1980). Kartographie: E. KÖHLER

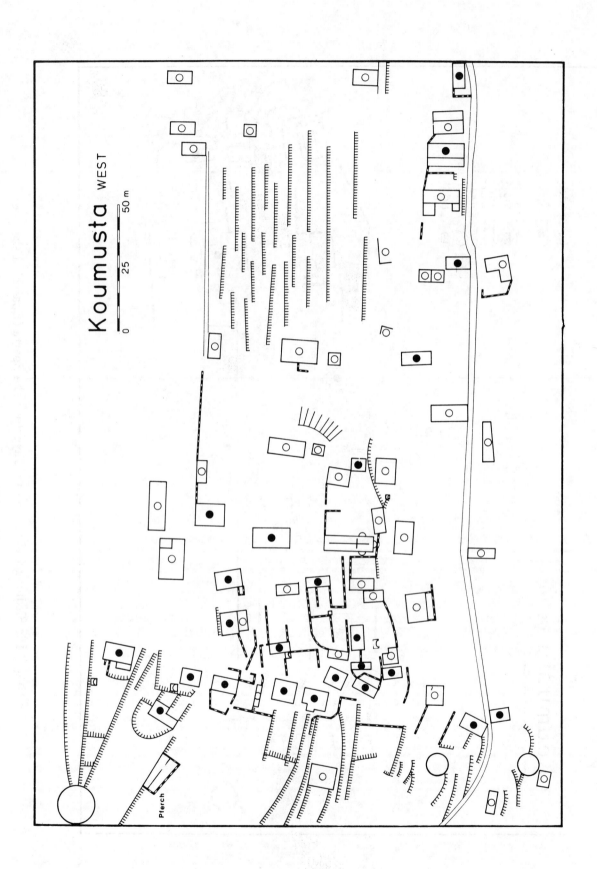

Abb. 3: Die Siedlung Koumousta im Taygetos nahe Sparta (Eparchie Lakedaimon 1980). Kartographie: E. KÖHLER

sind die Bergregionen der Eparchie um rund 4.000 Menschen ärmer geworden, die fast alle an die Küste abwanderten. Der Grund liegt im Aufbau der wirtschaftlich sehr einträglichen Warmbeetkulturen mit Frühgemüse in einem weiten Küstenhof, den die aus dem Gebirge dorthin abgewanderte Agrarbevölkerung auf diese Weise stabilisiert hat. Dazu kommen erste Tourismuseinrichtungen (Hotel, Wassersport). Es steht zu erwarten, daß sich der Ausbau des Fremdenverkehrs auch wegen der besonderen Klimagunst fortsetzen wird. Somit werden weitere Arbeitskräfte aus den Bergdörfern abwandern, aber in der Eparchie bleiben.

Sucht man nach geeigneten Beispielen für innergriechische Wanderungen vom Gebirge in benachbarte Städte, so kann man eigentlich alle Städte als Beispiel nehmen. Der Zug in den Nahbereich des ehemaligen Wohngebietes mit ”Anschluß” an zurückgebliebene Verwandte ist typisch für griechische Familienmentalität. Diese Zuwächse der Städte sind sehr unterschiedlich, wobei verschiedene Faktoren Einfluß nehmen können (vgl. auch HAVERSATH, 1991: 417-423). Binnenlage oder Küstenlage dürfte eine ähnlich differenzierende Rolle spielen wie die Verschiedenheit besonderer wirtschaftlicher Angebote oder aufblühender Verkehrseinrichtungen. Dies belegt auch die folgende Tabelle über die Wachstumsraten kretischer bzw. peloponnesischer Städte:

| Zunahme von 1961 bis 1981 | |
| --- | --- |
| Pyrgos | 7 % |
| Kalamata | 8 % |
| Tripolis | 15 % |
| Rethymni | 18 % |
| Argos | 23 % |
| Korinth | 45 % |
| Chania (Aggl.) | 30 % |
| Irakleion (Aggl.) | 60 %. |

Sonderstellungen in Bezug auf die Zuwanderung griechischer Migranten nehmen Athen, Thessaloniki und Patras ein. Wie viele davon aus welchen Gebirgsräumen und aus welchen Höhenlagen kommen, ist schwer zu ermitteln. LIENAU (1989: 192/193 und Abb. 14) hat für die von den peloponnesichen Nomoi auf Athen gerichtete Binnenwanderung 1971 zwischen 40 und 60 %, für den Nomos Messinia sogar bis 75 % aller Migranten errechnet. So erklären sich auch die großen Zuwächse der drei Großstädte gerade zwischen 1961 und 1971:

Einwohner in 1000

|  | 1951 | 1961 | 1971 | 1981 |
|---|---|---|---|---|
| Groß Athen | 1379 | 1853 | 2540 | 3027 |
| Thessaloniki | 303 | 381 | 557 | 706 |
| Patras | 94 | 104 | 121 | 155. |

Dies bedeutet Zunahmen in % (nach MEIBEYER, 1977: 135 und eigenen Berechnungen):

|  | 1951/61 | 1961/71 | 1971/81 | 1951/81 |
|---|---|---|---|---|
| Groß Athen | +34,4 | +37,1 | +19,2 | +125 |
| Thessaloniki | +25,8 | +46,4 | +27,0 | +133 |
| Patras | +10,4 | +16,2 | +27,8 | +66. |

Das eigentlich sozialgeographische und demographische Gewicht bekommen diese Zahlen, wenn man die Verlustzahlen der umgebenden Gebiete berücksichtigt. Die Wanderungsverluste betrugen in % (nach MEIBEYER, 1977: 135):

|  | 1951/61 | 1961/71 | 1951/71 |
|---|---|---|---|
| Peloponnes | −2,9 | −10,0 | −12,6 |
| Ägäische Inseln | −9,7 | −12,5 | −21,0 |
| Epirus | +6,7 | −12,0 | −6,1 |
| Ionische Inseln | −7,0 | −13,2 | −19,3. |

Im Rahmen der Fragestellung "Gebirge und Lebensraum" nehmen die Klöster eine besondere Stellung ein. Es fällt auf, daß sowohl auf Kreta als auch auf der Peloponnes eine enge Bindung dieser Siedelplätze an irgendwelche Reliefbegünstigungen wie Verebnungen u.ä. nicht besteht. Entscheidender Naturfaktor für die Gründung eines Klosters war das Quellwasser. Wenn damit eine exponierte Lage mit freien Ausblicken verbunden werden konnte, war das der ideale Platz. Fielen in den letzten Jahrzehnten Klöster wüst, so hatte dies seinen Grund weniger in der Unwirtlichkeit eines Gebirgsregion. Vielmehr ist es der Mangel an Nachwuchs, der auf der Peloponnes zur Aufgabe von Klöstern geführt hat. Von 57 Klöstern stand 1981 rund ein Viertel (23 %) leer. Die Zahl der Mönche und Nonnen ging seit 1961 von 1499 bis 1981 auf 1019 Personen zurück, was ein Verlust um rund 33 % bedeutete (Fig. 14.1). Der Bevölkerungsschwund der Peloponnes betrug zum Vergleich dagegen nur knapp 8 %. Naturgemäß ist auch bei den Klöstern die Einwohnerzahl in den eigentlichen Gebirgsstufen oberhalb 500 $m$ NN besonders stark zurückgegangen. Der Rückgang betrug auf der Peloponnes rund 55 % (1961: 379; 1981: 175 Personen). Parallel zur Entwicklung der Bevölkerung nahm die Zahl der Insassen in den Klöstern der Küstenebene (0 - 100 $m$ NN) um fast 300 % zu.

Auch auf Kreta kann man eine Zunahme der Klostereinwohner in den unteren, naturbegünstigten Höhenstufen von 0 bis 300 $m$ NN registrieren (Fig. 14.2). 1961 lebten dort 399, 1981 dagegen 805 Geistliche. Die Klöster der höheren Gebirgsregionen erlitten, ähnlich wie die Dörfer der übrigen Bevölkerung, Verluste. Sie machten von 1961 bis 1981 etwa 45 % aus, was den Verhältnissen auf der Peloponnes ähnelt. Hauptunterschied der 28 Klöster auf Kreta gegenüber denen auf der Peloponnes ist die starke Zunahme der Mönche und Nonnen insgesamt. Von 1961 bis 1981 stieg die Zahl von 610 auf 958.

# 4 Rückwanderung – Triebfeder für "Wiederaufbau" oder "Neubau"

Mit dem Weggang griechischer Gebirgsbewohner vor allem während der Unruhen im Bürgerkrieg 1945 bis 1949 schien ein Wüstungsprozeß zu beginnen, der äußerlich dem mittelalterlichen in Mitteleuropa hätte gleichen können. Dem ist aber nicht so. Der entscheidende Unterschied gegenüber dem in Mitteleuropa ist die Tatsache, daß Haus und Grundstück im allgemeinen im Eigentum der Migranten blieben. Das Haus war zwar unbewohnt, wurde aber gepflegt. Die agraren Ländereien wurden verpachtet oder als Entgelt für die Beaufsichtigung der Gebäude oder Abwicklung kleinerer Geschäfte Verwandten oder Freunden überlassen. So blieben die Feld- und Baumareale in Nutzung.

Das ausgeprägte Renditedenken hat zu weiteren wirtschaftlichen Schritten der Migranten geführt. Unterstützt durch Subventionen der Griechischen Agrarbank, wurden Gebirgsgrundstücke in geeigneter Höhenlage mit Ölbaumkulturen bepflanzt, die – gepflegt von Verwandten – bei Rückwanderung nach 10 oder 20 Jahren ertragreiche Ernten versprachen.

Diesen erst jungen, das Agarpotential steigernden Maßnahmen in den letzten 20 Jahren gingen in den Nomoi mit hohen Gebirgsanteilen am Anfang der Migration deutliche Minderungen des Handelswertes der erzeugten Agrargüter voraus, wie eine Berechnung von MEIBEYER (1977: 138) zeigt. Sie hatten ihren Hauptgrund in den noch nicht eingespielten neuen Verhältnissen von Arbeit, Produktion und Absatz:

Entwicklung des Handelswertes agrarer Güter

1957 bis 1961

| | |
|---|---|
| Arkadien | −15,0 % |
| Messenien | −9,9 % |
| Elis (Ileia) | −3,1 %. |

Im Nomos Achäa blieb der Handelswert als Folge einer Aktivierung der Kulturen in der Küstenzone nahe Patras nahezu erhalten (nur −0,6 %). Positiv entwickelte sich die Bilanz in den Nomoi mit großen, bewässerungsfähigen Küstenebenen in Argolis (+18,4 %) und Korinthia (+5,6 %). Der Zuwachs in Lakonia mit +13,3 % beruht auf dem agraren Ausbau der weiten Schwemmlandebene des Evrotas südlich von Sparta u.a. mit Zitruskulturen. Inzwischen haben sich Arbeitseinsatz, Produktionsmenge und Absatz finanziell auf das derzeit mögliche Potential eingependelt, und der Handelswert der Agrargüter ist – nicht zuletzt dank des Ausbaues der Bewässerung – relativ stabil.

Dafür hat eine andere Triebfeder, die von Emigranten ausgeht, positive Auswirkungen auf die verlassenen Siedlungen gehabt: die Nostalgie. Wie heimatverbunden die griechischen Wanderer sind, belegen Fälle auf der Peloponnes. Dort haben Emigranten – in Kanada zu Geld gekommen – beträchtliche Summen ihren Heimatgemeinden geschenkt, um damit einen Weg zu ihrer alten Gebirgssiedlung auszubauen (z.B. Xirokambi: Eparchie Lakedaimon). In einem anderen Fall wurde eine Brücke über eine Gebirgsschlucht verbreitert bzw. erneuert. Andere Auswanderer haben ihre Rückkehr vorbereitet, indem sie ihre verlassenen Gebirgshäuser im alten Stil restaurieren ließen. Gerade im letzten Jahrzehnt (1980-1990) sind auf diese Weise in den Bergsiedlungen heterogene Dorfbilder – alte Häuser stehen neben nagelneuen – entstanden.

Wenn auch hinter solchen Bauunternehmungen die Nostalgie eine starke Triebfeder ist, so gibt es auch andere gewichtige Beweggründe, die verlassenen Gebirgssiedlungen "zurückzugewinnen". Die Höhenlage macht sie zu einer Art von "Ort mit guter Luft", im Sommer vor allem kühl und rein von Schadstoffen. Auf diese Weise sind sie für die Städter, allen voran die Athener, eine willkommene Erholungsstätte von der Hitze der Großstadt. Zu Pensionshäusern umgebaut, liegen sie im Verlauf der Autobahn Athen-Patras in den Bergen an der Nordküste des Golfs von Korinthia (z.B. Ano Trikala). Der Ausbau des Fremdenverkehrs in den teilweise verlassenen Dörfern geht sogar so weit, daß ab 1980 erste Hotels erbaut wurden, die durch Busanschluß zur nahen Küstenstraße leicht erreichbar sind. Die zurückgelassenen Anwesen werden sehr oft von den Besitzern auch nur als eigenes Urlaubsdomizil genutzt. Verwandtenbesuch und/oder Pflege der Baumkulturen spielen dabei eine nicht unbedeutende Rolle (vgl. auch LIENAU, 1989: 194).

Viel hat zur Rückgewinnung der halbverlassenen Dörfer der Umstand beigetragen, daß die Verkehrsanschlüsse durch Straßenneubau und/oder besondere Dienstleistungen im Verkehr verbessert wurden. Während des Obristenregimes tendierte die Verwaltung zwar zur Aufgabe der Gebirgssiedlungen und verhinderte manche Maßnahme zur infrastrukturellen Verbesserung der Bergdörfer (Stop für Straßenbau; Auflösung von Schulen; Konzessionsstop für Geschäftsgründungen). Nach dieser Aera aber begann die Sanierung. Dazu gehörte auch, daß die Zahl der eingesetzten Busse vermehrt und die Fahrtenfrequenz verdichtet wurde.

In die gleiche Richtung der Teilsanierung von Bergdörfern gehören jene Aktivitäten, die von Ortsfremden durchgeführt werden. Sie pachten oder kaufen Häuser und/oder Grundstücke und benutzen sie zu Wochenend- oder Ferienaufenthalten (z.B. Turmhäuser in der Mani). In anderen Fällen renovieren sie das Haus und unterhalten kleine Baumkulturen

(Ölbäume), ohne daß sie von letzteren wirtschaftlich abhängig sind, eine Entwicklung, die nach KULINAT (1991: 433) in vielen Mittelmeerländern um sich greift.

Das Ganze scheint qualitativ wie eine breit gefächerte Palette von Aktivitäten. Überblickt man die geschilderten Vorgänge nach ihrer Quantität, so kann man keineswegs von einer bedeutenden Bewegung in den Bergdörfern sprechen. Der Grundtenor bleibt das Bild der verlassenen bzw. teilverlassenen Siedlungen. Dieses Bild wird sich weiter verstärken, wenn man bedenkt, daß ein großer Teil der Einwohner ein hohes Lebensalter hat und ihr Anwesen von den Kindern, die meist woanders wohnen, gepflegt wird. Was nach dem Aussterben dieser Generation mit Haus und Flur geschieht, ist ungewiß. Wie rasch dieser "Vergreisungsprozeß" fortschreitet, zeigt das Beispiel von Kreta (nach KOLODNY, 1974, Karte K 16).

Der Altersindex (= Anzeichen der Alterung 1900, 1928, 1961 und 1981 Zahl der Personen über 65 Jahren, bezogen auf 100 Jugendliche unter 15 Jahren nach Eparchien) betrug:

| 1900 | zwischen 5 und 24: | Durchschnitt 14,8 |
| 1928 | zwischen 15 und 34: | Durchschnitt 20,2 |
| 1961 | z.T. größer 64 | |
| | z.T. kleiner 25: | Durchschnitt 33,3 |
| 1981 | z.T. größer 75 | |
| | z.T. kleiner 25: | Durchschnitt 40,0 |

(1981 nach eigenen Berechnungen).

Dabei weisen jene Eparchien Kretas besonders hohe Altenzahlen auf, die auch hohe Gebirgsanteile haben. Überhaupt läuft dieser Prozeß auf den griechischen Inseln heftiger ab als auf dem Festland, wobei Rhodos, Kos, Santorin, Euböa und Kreta noch die günstigsten Positionen haben (KOLODNY, 1974, Karte K 5):

Altersindex 1961

| | |
|---|---|
| Griechenland (gesamt) | 30 |
| alle Inseln | 38 |
| Rhodos | 22 |
| Kos | 22 |
| Santorin | 25 |
| Kreta | 33 |
| Euböa | 35 |
| Zakynthos | 39 |
| Lemnos | 39 |
| Korfu | 45 |
| Chios | 47 |
| Lesbos | 51 |
| Samos | 78 |
| Kythira | 83. |

Insgesamt darf man aus der Rückwanderungsbewegung nach Griechenland keine demographische und damit wirtschaftliche oder kulturelle Renaissance der Gebirgsräume erwarten. Dafür ist die Zahl der Rückkehrer ins Gebirgsdorf zu klein. Mit dem Gang in die naturgünstigeren Berg- und Hügelländer, Küstenebenen bzw. Stadtzonen wechseln die Remigranten häufig ihren Beruf. Darin unterscheiden sich übrigens die griechischen Migrationsbewegungen von denen anderer südeuropäischer Länder wie z.B. Spaniens, insbesondere Andalusiens. Dort ist die Zahl der ungelernten Arbeiter vor und nach dem Weg ins Ausland nahezu gleich geblieben. Der Gelderwerb und nicht der beruflich-soziale Aufstieg spielte die große Rolle (vgl. BERNITT, 1981: Tab. 42 und 43). Die gegenwärtigen Belebungen in Griechenland durch Rückkehrer sind nach Dorf und Hausstätte punktueller Art und hängen mit Einzelaktivitäten zusammen, die bis 1990 keinen allgemeinen, raumgreifenden Trend entwickelt haben.

40

# 5   Literatur und Statistik

BERNITT, M. (1981): Die Rückwanderung spanischer Gastarbeiter. Der Fall Andalusien. = Materialien zur Arbeitsemigration und Ausländerbeschäftigung. Band 7. Königsstein (Taunus).

BROSCHE, U. (1977): Formen, Formengesellschaften und Untergrenzen in den heutigen periglazialen Höhenstufen der Hochgebirge der Iberischen Halbinsel. – In: H. POSER (ed.): Formen, Formengesellschaften und Untergrenzen in den heutigen periglazialen Höhenstufen der Hochgebirge Europas und Afrikas zwischen Arktis und Äquator. Bericht über ein Symposium. = Abh. d. Akad. d. Wiss. in Göttingen. Math.-Physikal. Klasse, Dritte Folge, Nr. 31: 178-202.

HAGEDORN, J. (1969): Beiträge zur Quartärmorphologie griechischer Hochgebirge. = Göttinger Geogr. Abh., 50.

HAMBLOCH, H. (1966): Die Höhengrenzen der Ökumene. Anthropogeographische Grenzen in dreidimensionaler Sicht. = Westfälische Geogr. Studien, Heft 18.

HAVERSATH, J.-B (1989): Stadtentwicklung in Griechenland. Wachstum und Wandel der zentralpeloponnesischen Stadt Tripolis (1954-1988). – In: Universität Passau. Nachrichten und Berichte, 58: 24-27.

HAVERSATH, J.-B. (1991): Modernes Stadtwachstum im Mittelmeerraum. Das Beispiel griechischer Mittelstädte. – In: Geogr.Rundschau, 43: 417-423.

HEMPEL, L. (1970): Humide Höhenstufen in Mediterranländern ? – In: Feddes Repertorium. Band 81, Heft 1-5: 337-345. Berlin.

HEMPEL, L. (1984): Geoökodynamik im Mittelmeerraum während des Jungquartärs. Beobachtungen zur Frage "Mensch und/oder Klima" in Südgriechenland. – In: Geoökodynamik, V, 1/2: 99-140.

HEMPEL, L. (1991): Forschungen zur Physischen Geographie der Insel Kreta im Quartär. Ein Beitrag zur Geoökologie des Mittelmeerraumes. = Abh. d. Akad. d. Wiss. in Göttingen. Math.-Physikal. Klasse, Dritte Folge, Nr. 42, 171 S.

HERMANNS, H. (1979): Die Rückwanderung griechischer Gastarbeiter – Umfang, Verlauf und Probleme der Reintegration mit Beispielen aus dem Nomos Drama. – In: hellenika. Jb. für die Freunde Griechenlands: 130-138.

HERMANNS, H. & C. LIENAU (1981): Siedlungsentwicklung in Peripherräumen Griechenlands – außengesteuerte Wiederbelebung in Abhängigkeit von Tourismus und Arbeitsmigration. – In: Marburger Geogr. Schriften, 84: 252-254.

HERMANNS, H. & C. LIENAU (1982): Rückwanderung griechischer Gastarbeiter und Regionalstruktur ländlicher Räume in Griechenland. – In: Ber. a.d. Arbeitsgebiet Entwicklungsforschung Münster, Heft 10.

JACOBSHAGEN, V, (ed.) (1986): Geologie von Griechenland. Beiträge zur Regionalen Geologie der Erde. – Berlin & Stuttgart.

KAYSER, B. & K. THOMPSON (ed.) (1964): Social and economic atlas of Greece (engl., franz., griech.). – Athen.

KELLETAT, D. (1969): Verbreitung und Vergesellschaftung rezenter Periglazialerscheinungen im Apennin. = Göttinger Geogr. Abh., Heft 48.

KOLODNY, E. Y. (1974): La Population des îles de la Grèce. Essai de Géographie insulare en méditerranée orientale. 3 Bände. Aix en Provence.

KULINAT, K. (1991): Fremdenverkehr in den Mittelmeerländern. Konkurrenten mit gemeinsamen Umweltproblemen. – In: Geogr. Rundschau, 43: 430-436.

LIENAU, C. (1976): Bevölkerungsabwanderung, demographische Struktur und Landwirtschaftsform im W.-Peloponnes. Räumliche Ordnung, Entwicklung und Bevölkerung in einem mediterranen Abwanderungsgebiet. = Gießener Geogr. Schriften, 37.

LIENAU, C. (1977): Geographische Aspekte der Gastarbeiterwanderungen zwischen Mittelmeerländern und europäischen Industrieländern mit einer Bibliographie. – In: E. ROTHER (ed.): Aktiv- und Passivräume im mediterranen Südeuropa. = Düsseldorfer Geogr. Schriften, 7: 49-86.

LIENAU, C. (1983): Remigration – was danach ? – In: Geogr. Rundschau, 35: 67-72.

LIENAU, C. (1986): Das Klima des Peloponnes. – In: hellenika. Jb. für die Freunde Griechenlands: 134-147.

LIENAU, C. (1989): Griechenland. Geographie eines Staates der Europäischen Südperipherie. = Wissenschaftliche Länderkunden, Band 32. Darmstadt.

MARIOLOPOULOS, E. & A.N. CIVATHENOS (1935): Atlas climatique de la Grèce. Athen.

MAULL, O. (1921): Beiträge zur Morphologie des Peloponnes und des südlichen Mittelgriechenlands. In: A. PENCKs Geogr. Abh., Bd. X, Heft 3. Leipzig & Berlin.

MAULL, O. (1922): Griechisches Mittelmeergebiet. Breslau.

MEIBEYER, W. (1977): Junge Wandlungen in der Bevölkerungsverteilung der Bezirke Attika, Böotien, Korinthia und Argolis in Griechenland. – In: E. ROTHER (ed.): Aktiv- und Passivräume im mediterranen Südeuropa. = Düsseldorfer Geogr. Schriften 7: 135-151.

PHILIPPSON, A. (1892): Der Peloponnes. Versuch eines Landeskunde auf geologischer Grundlage. Berlin.

PHILIPPSON, A. (1948): Das Klima Griechenlands. Bonn.

PHILIPPSON, A. (unter Mitwirkung von Herbert LEHMANN und Ernst KIRSTEN) (1959): Die Griechischen Landschaften. Band III, Teil 1 Der Peloponnes: Der Westen und Süden der Halbinsel. Band III, Teil 2 Der Peloponnes: Der Osten und Norden der Halbinsel. Frankfurt.

SCHNEIDER, Chr. (1987): Studien zur jüngeren Talgeschichte im Becken von Sparta (Peloponnes). – In: N. WEIN & E. KÖHLER (ed.): Natur- und Kulturräume. Ludwig HEMPEL zum 65. Geburtstag. = Münstersche Geogr. Studien, 27: 189-198.

SEIDEL, E. (1978): Zur Petrologie der Phyllit-Quarzit-Serie Kretas. Braunschweig.

Statistiken:

Royaume de Grèce. Office National de Statistique. Résultats du Recensement de la Population et des Habitations effectué le 19 Mars 1961. Volume 1. Athènes 1964.

République Hellénique. Office National de Statistique de Grèce. Population de Fait de la Grèce (au Recensement du 5 Avril 1981). Athènes 1982.

# 6 Figuren

Die Figuren enthalten die Einwohnerzahlen für 1961 und 1981 in den einzelnen Höhenstufen, berechnet für Regionen (Peloponnes, Kreta), Nomoi und Eparchien. Die Klöster sind extra ausgewiesen. Die Schreibung der Namen folgt in den Grafiken der in der griechischen Statistik verwendeten französischen Schreibung. Für die Herrichtung der Programme danke ich meinem Sohn Diplom-Geophysiker Ludwig HEMPEL (Münster).

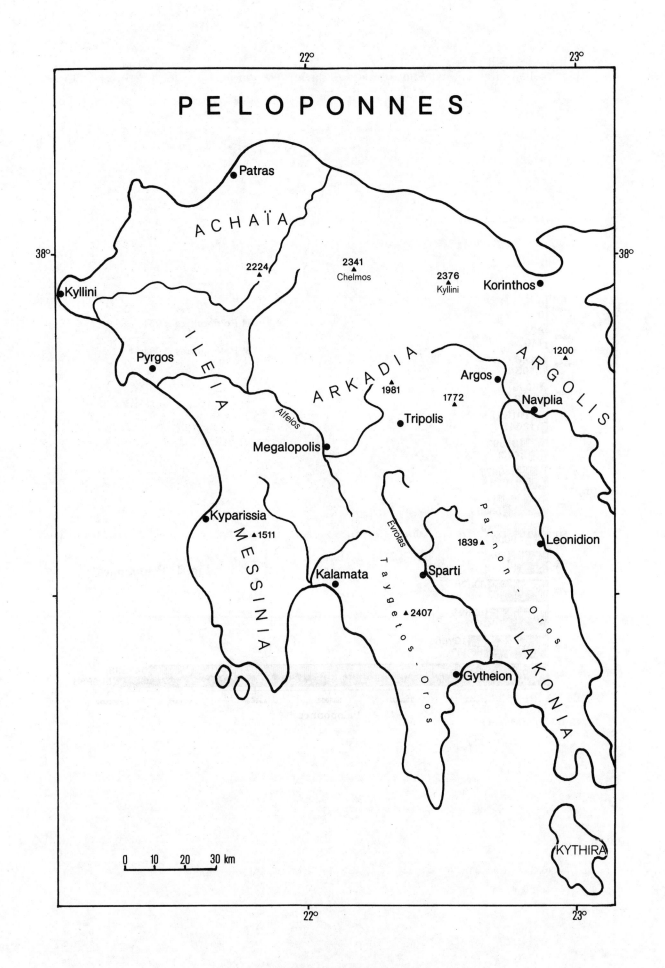

Abb. 4: **Topographie der Peloponnes**

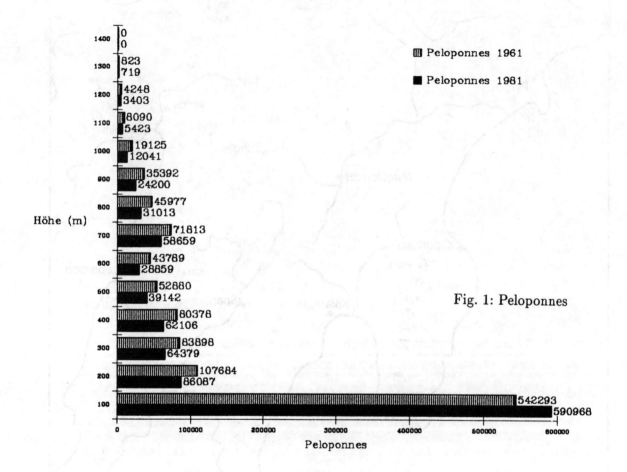

Fig. 1: Peloponnes

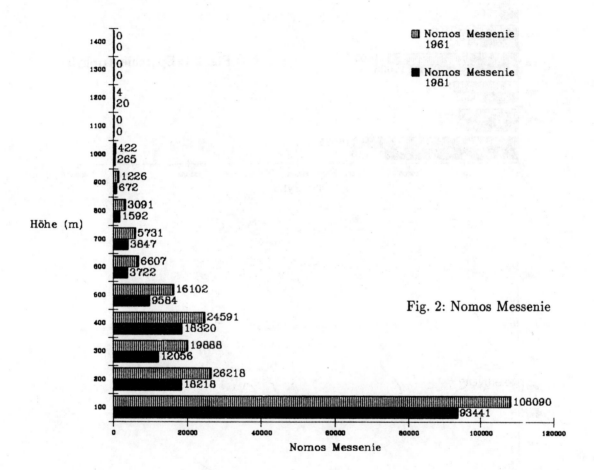

Fig. 2: Nomos Messenie

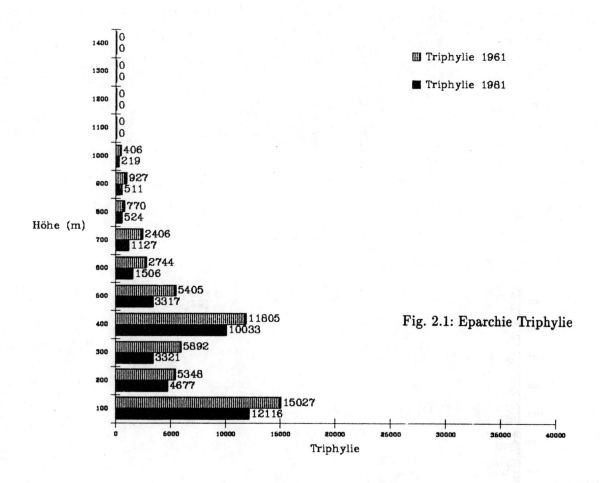

Fig. 2.1: Eparchie Triphylie

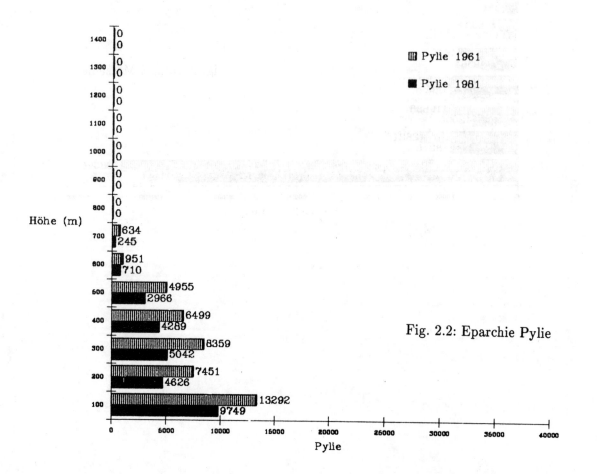

Fig. 2.2: Eparchie Pylie

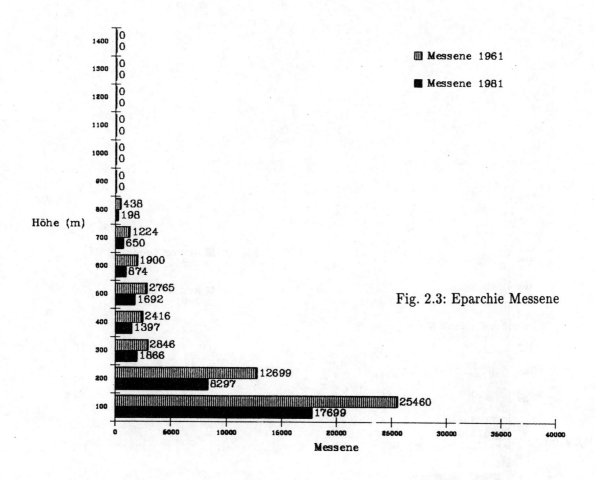

Fig. 2.3: Eparchie Messene

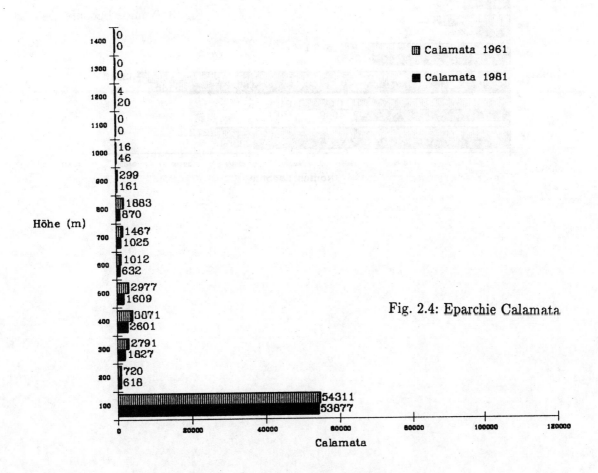

Fig. 2.4: Eparchie Calamata

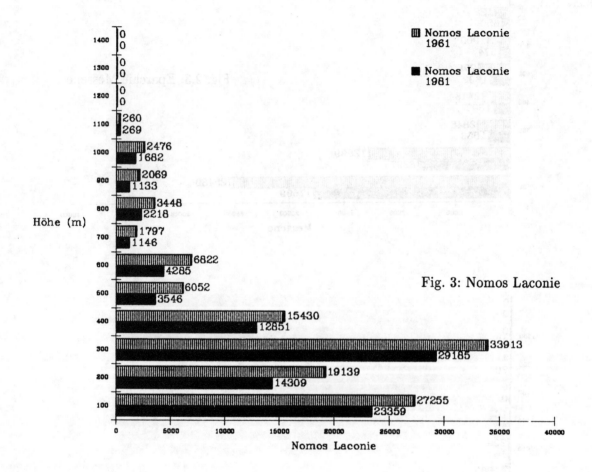

Fig. 3: Nomos Laconie

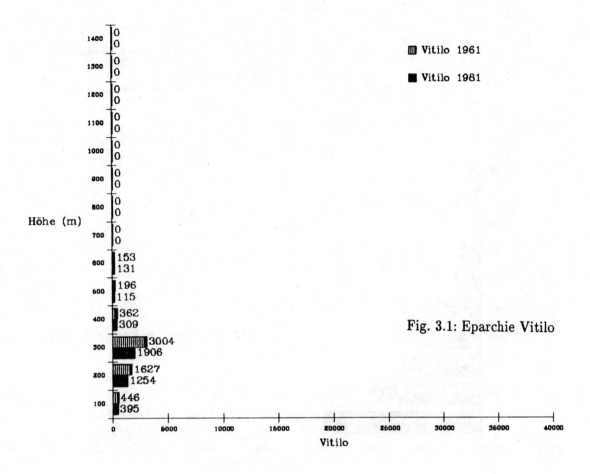

Fig. 3.1: Eparchie Vitilo

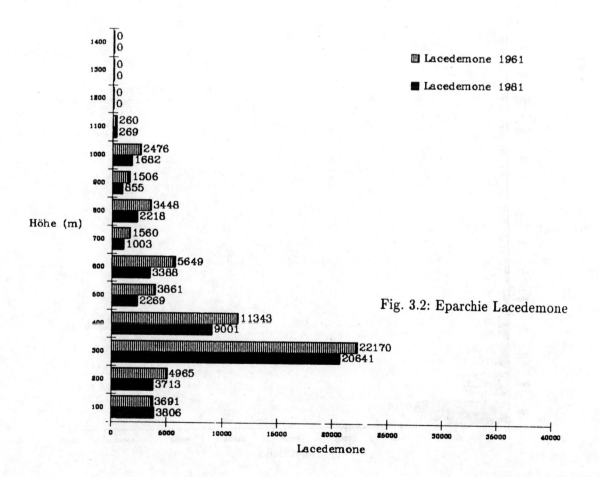

Fig. 3.2: Eparchie Lacedemone

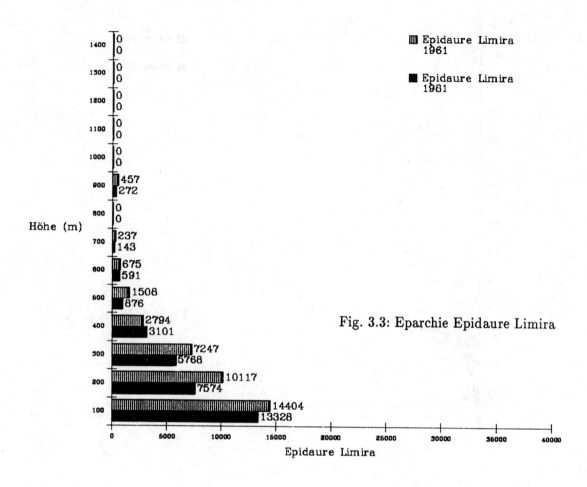

Fig. 3.3: Eparchie Epidaure Limira

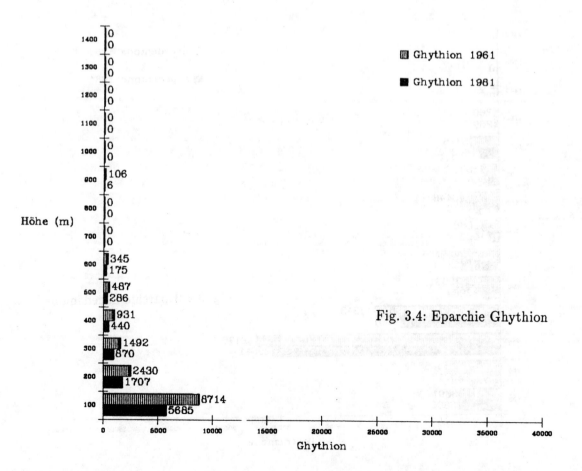

Fig. 3.4: Eparchie Ghythion

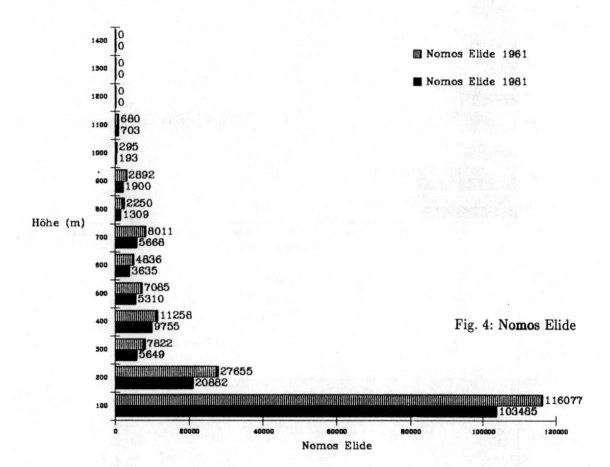

Fig. 4: **Nomos Elide**

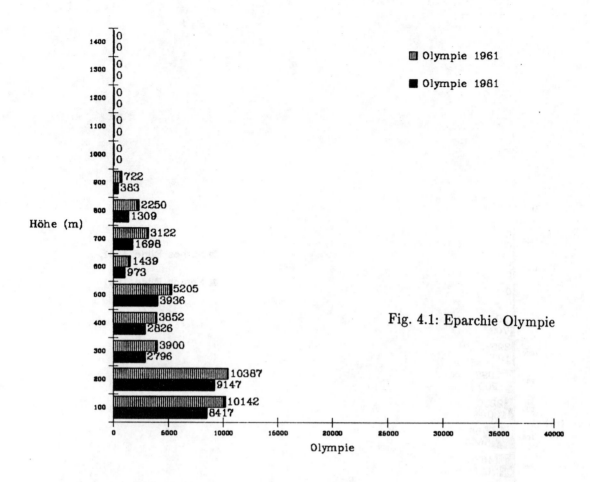

Fig. 4.1: Eparchie Olympie

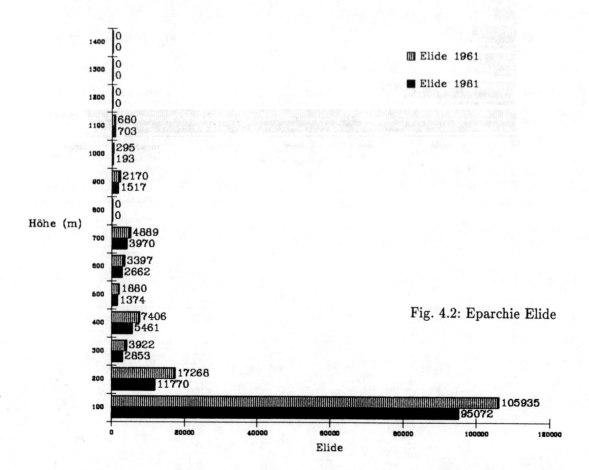

Fig. 4.2: Eparchie Elide

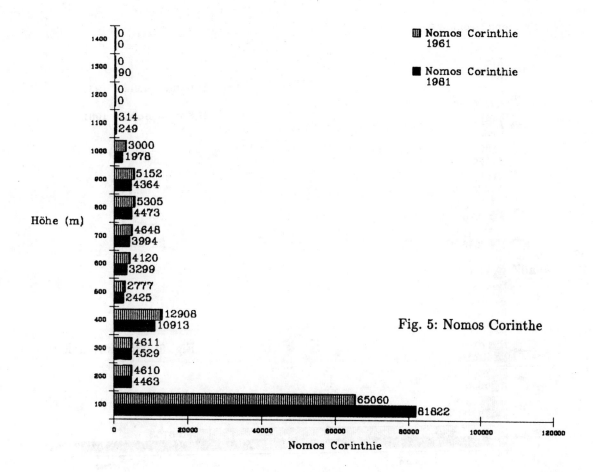

Fig. 5: Nomos Corinthe

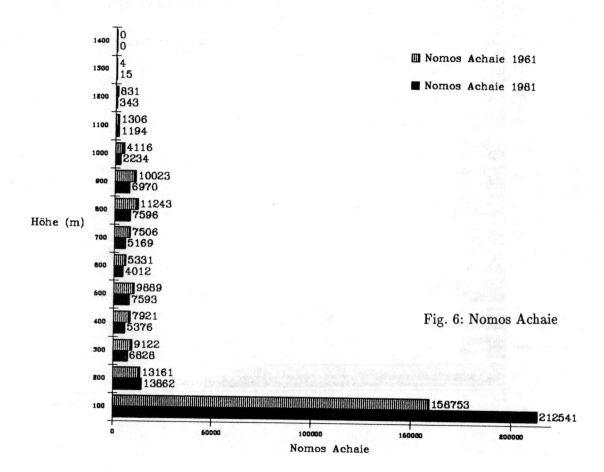

Fig. 6: Nomos Achaie

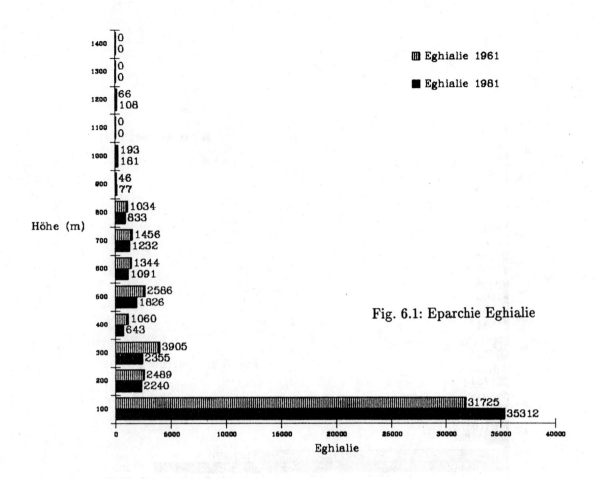

Fig. 6.1: Eparchie Eghialie

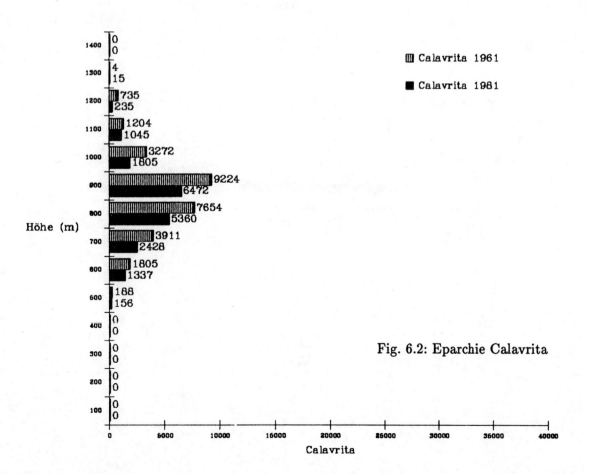

Fig. 6.2: Eparchie Calavrita

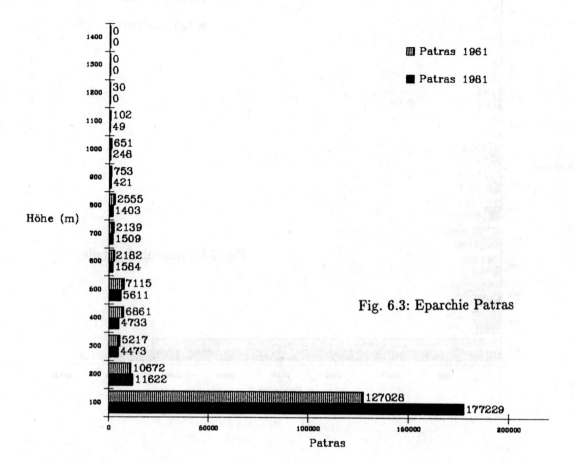

Fig. 6.3: Eparchie Patras

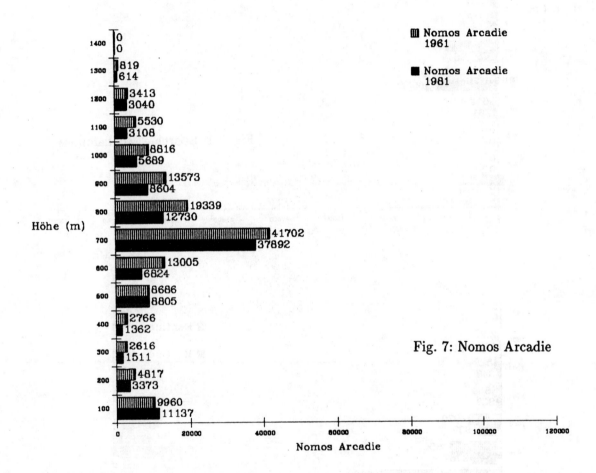

Fig. 7: Nomos Arcadie

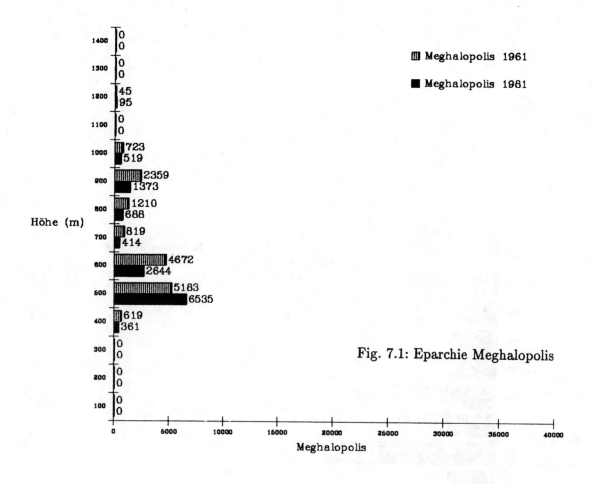

Fig. 7.1: Eparchie Meghalopolis

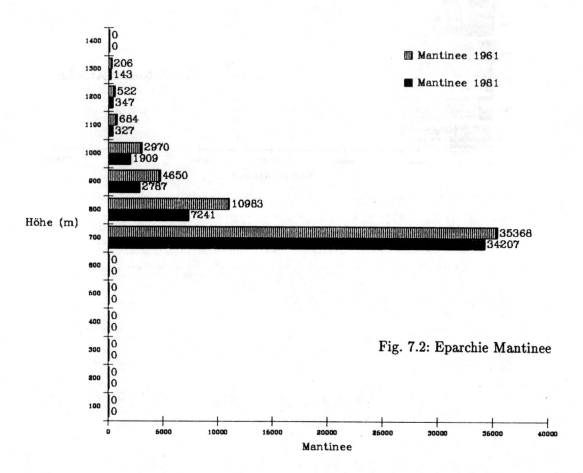

Fig. 7.2: Eparchie Mantinee

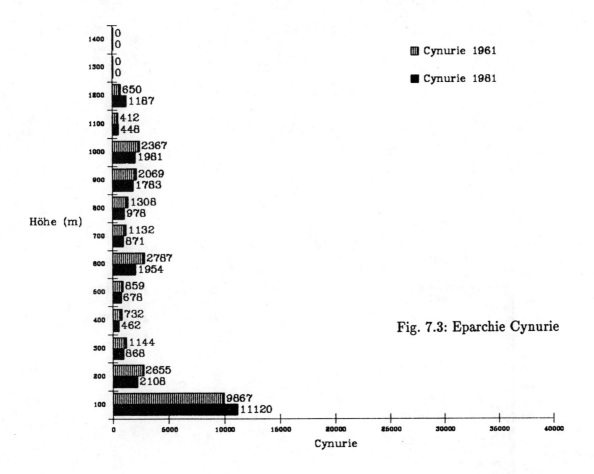

Fig. 7.3: Eparchie Cynurie

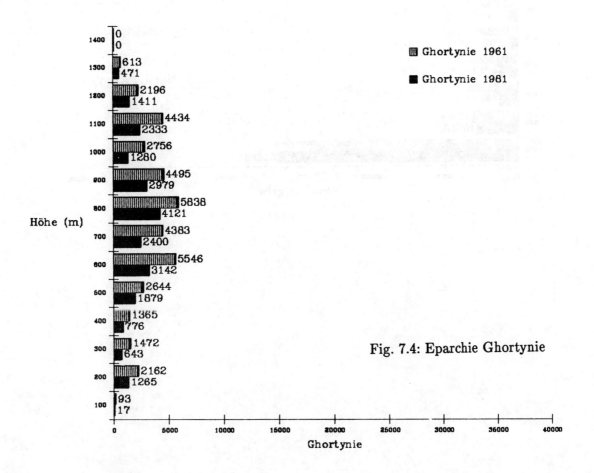

Fig. 7.4: Eparchie Ghortynie

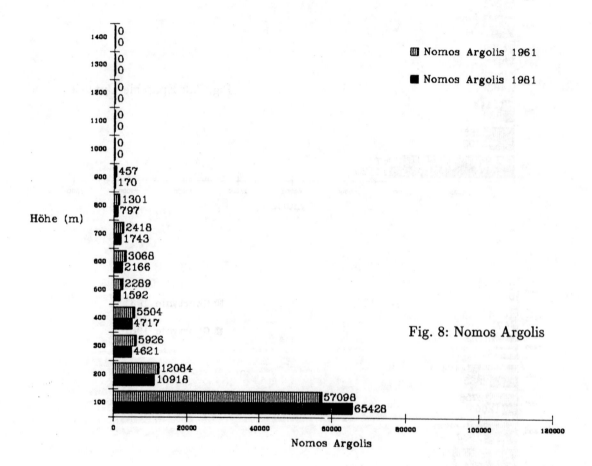

Fig. 8: Nomos Argolis

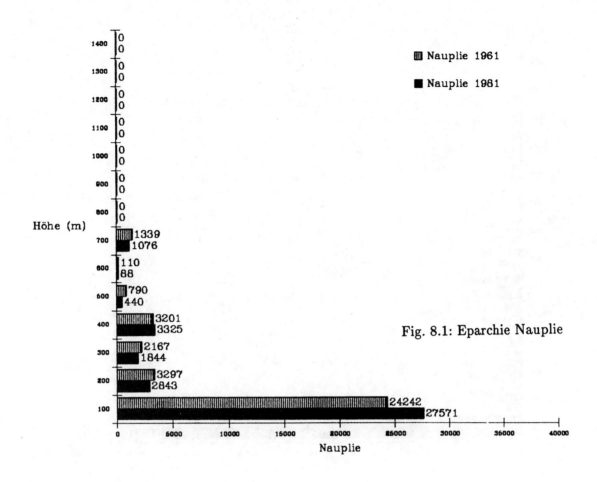

Fig. 8.1: Eparchie Nauplie

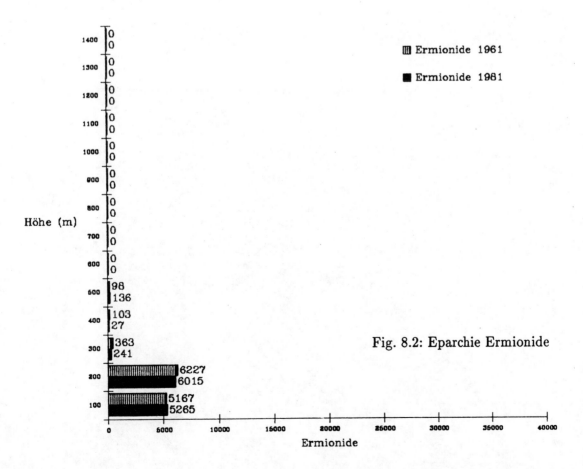

Fig. 8.2: Eparchie Ermionide

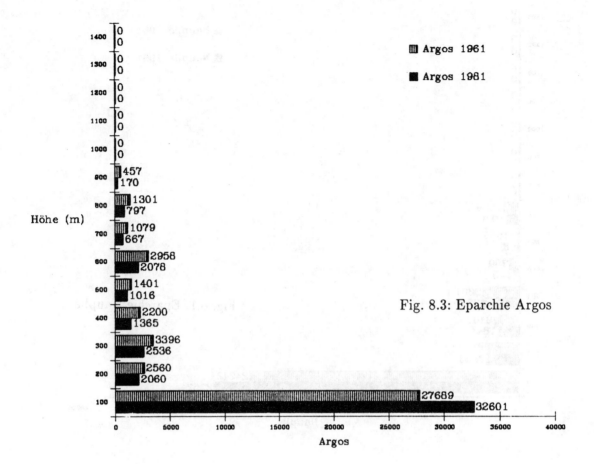

Fig. 8.3: Eparchie Argos

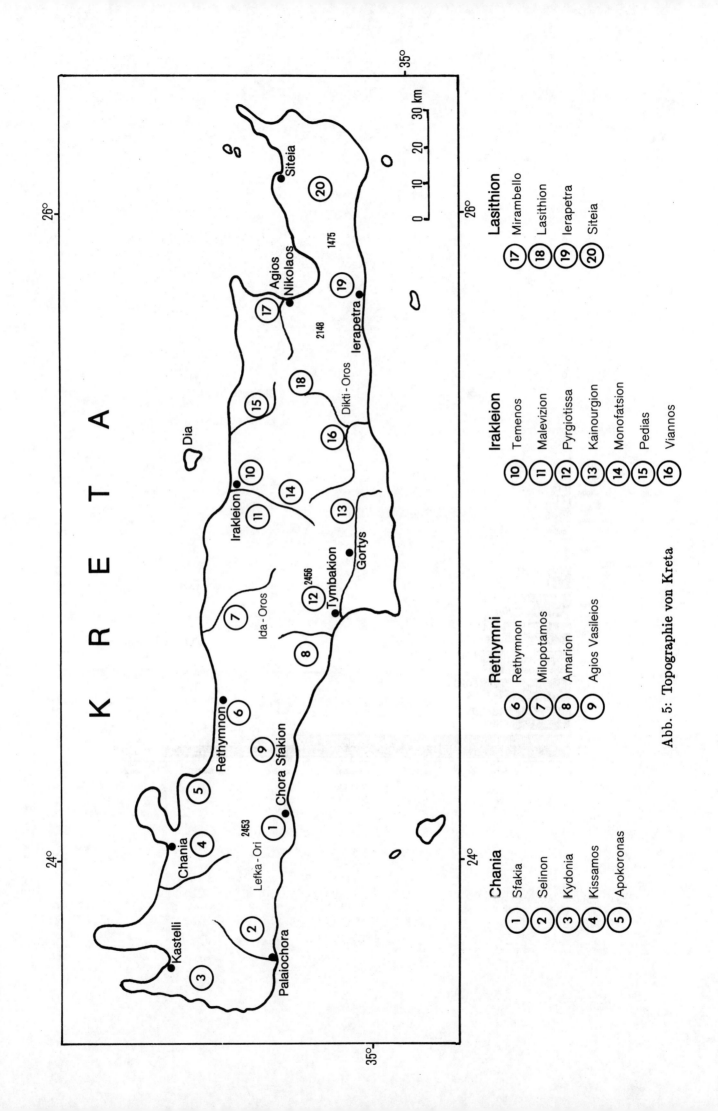

### K R E T A

**Chania**
1 Sfakia
2 Selinon
3 Kydonia
4 Kissamos
5 Apokoronas

**Rethymni**
6 Rethymnon
7 Milopotamos
8 Amarion
9 Agios Vasileios

**Irakleion**
10 Temenos
11 Malevizion
12 Pyrgiotissa
13 Kainourgion
14 Monofatsion
15 Pedias
16 Viannos

**Lasithion**
17 Mirambello
18 Lasithion
19 Ierapetra
20 Siteia

Abb. 5: Topographie von Kreta

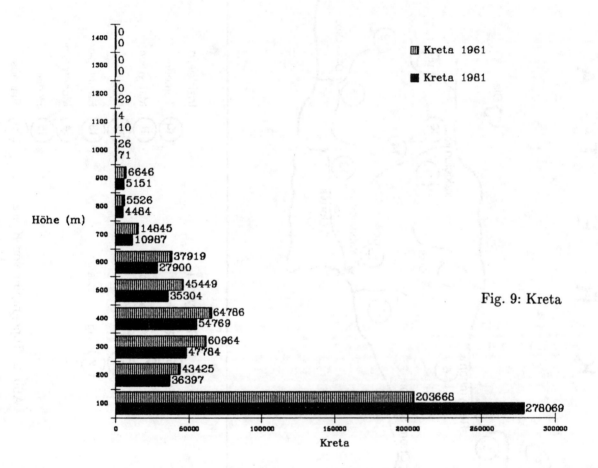

Fig. 9: Kreta

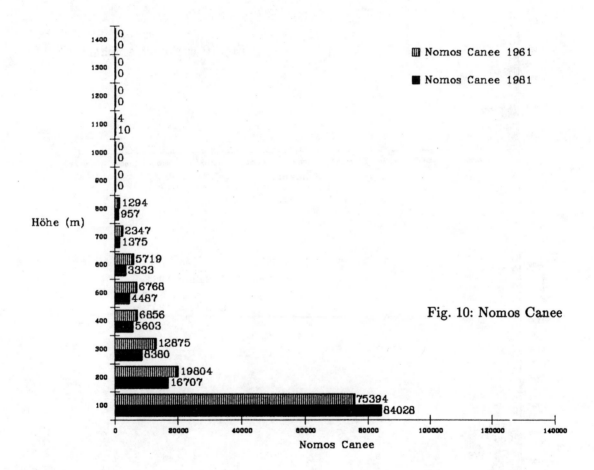

Fig. 10: Nomos Canee

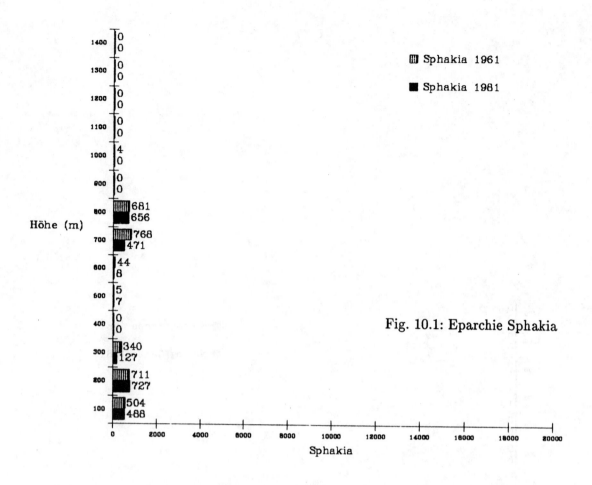

Fig. 10.1: Eparchie Sphakia

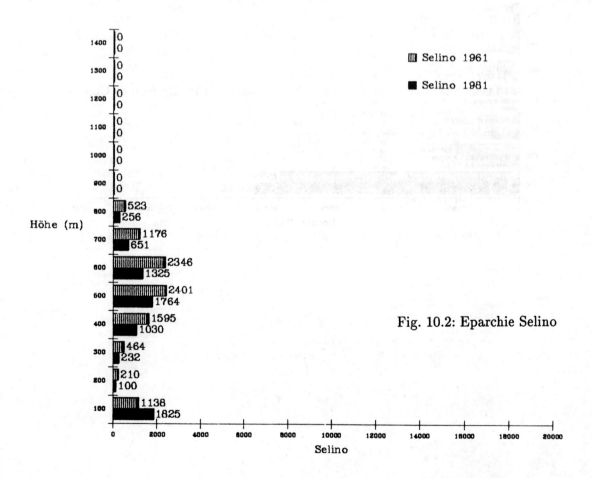

Fig. 10.2: Eparchie Selino

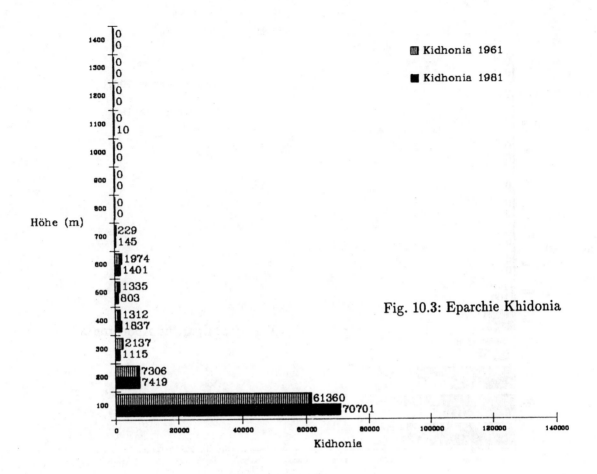

Fig. 10.3: Eparchie Khidonia

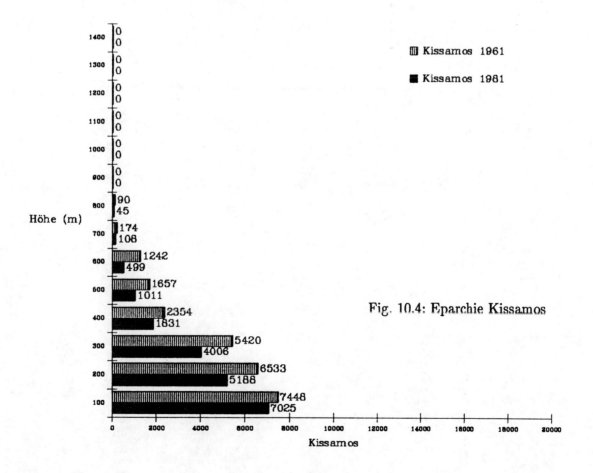

Fig. 10.4: Eparchie Kissamos

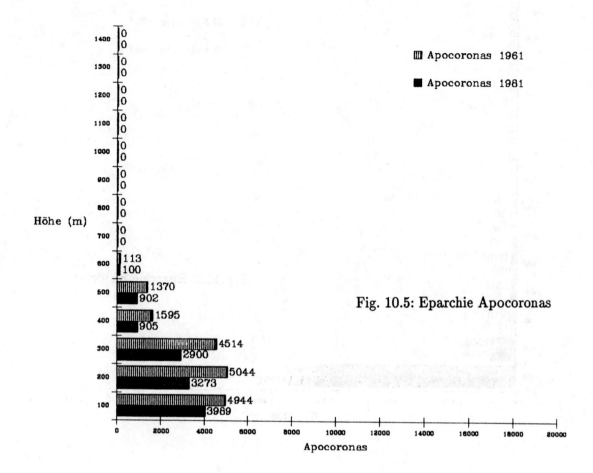

Fig. 10.5: Eparchie Apocoronas

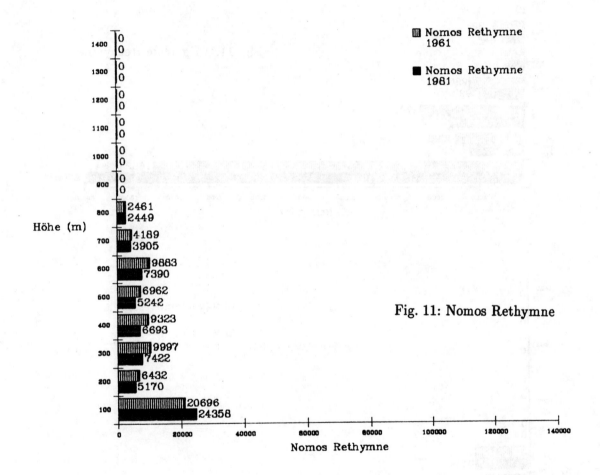

Fig. 11: Nomos Rethymne

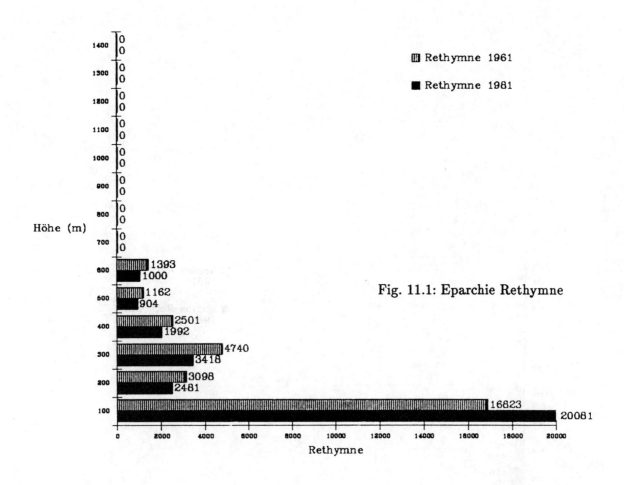

Fig. 11.1: Eparchie Rethymne

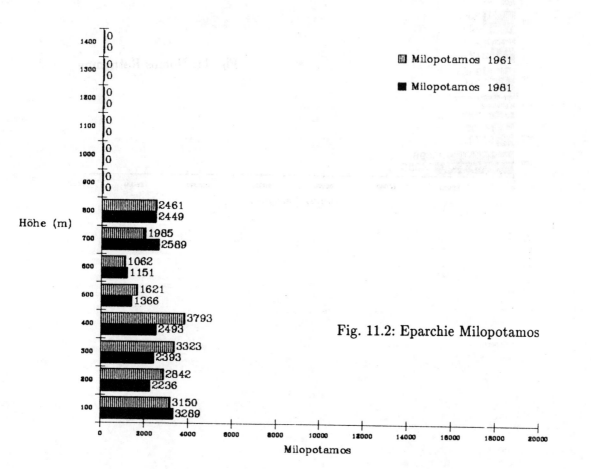

Fig. 11.2: Eparchie Milopotamos

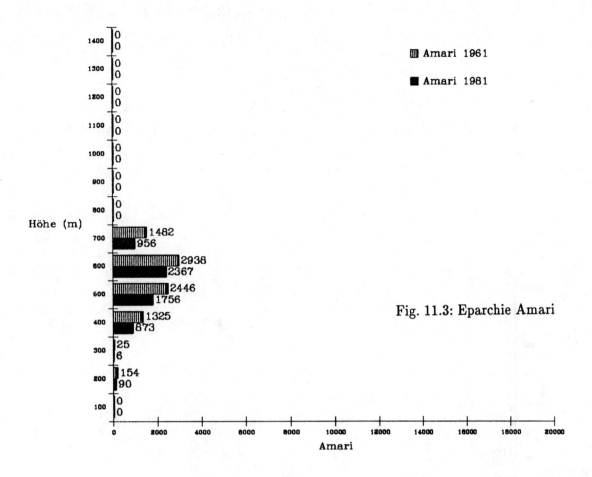

Fig. 11.3: Eparchie Amari

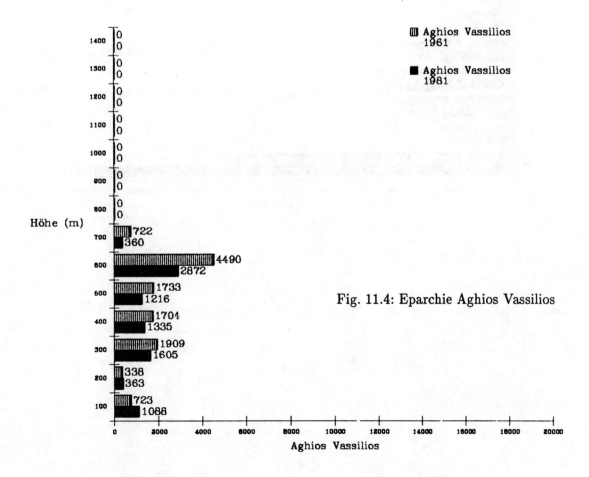

Fig. 11.4: Eparchie Aghios Vassilios

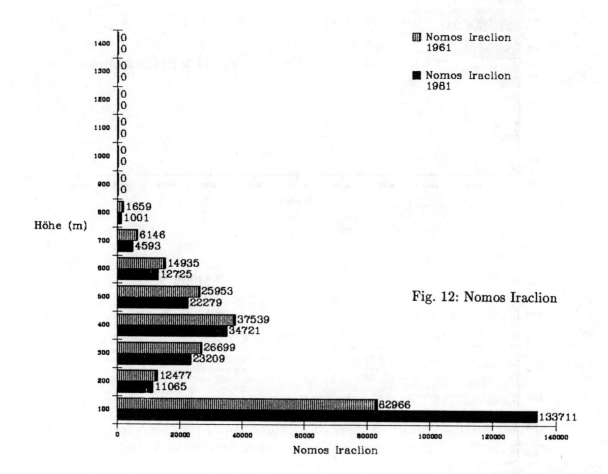

Fig. 12: Nomos Iraclion

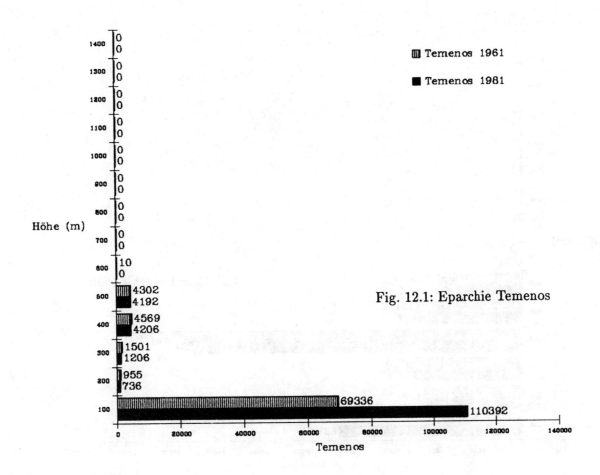

Fig. 12.1: Eparchie Temenos

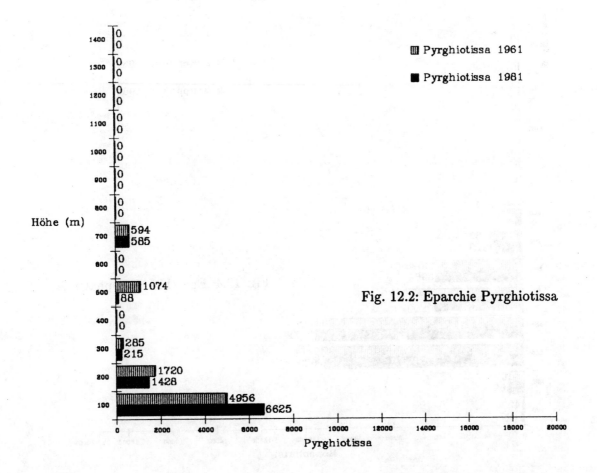

Fig. 12.2: Eparchie Pyrghiotissa

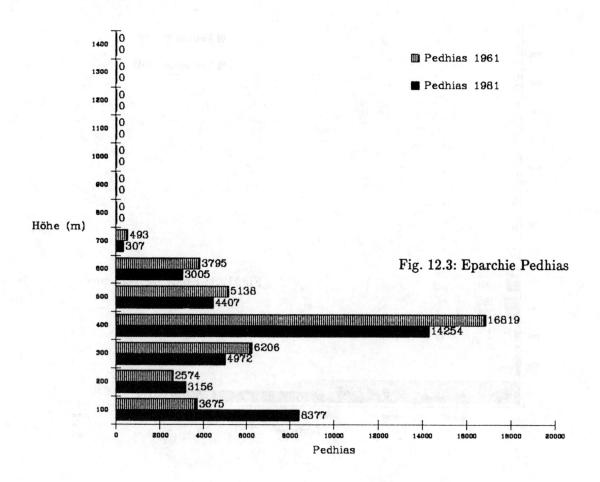

Fig. 12.3: Eparchie Pedhias

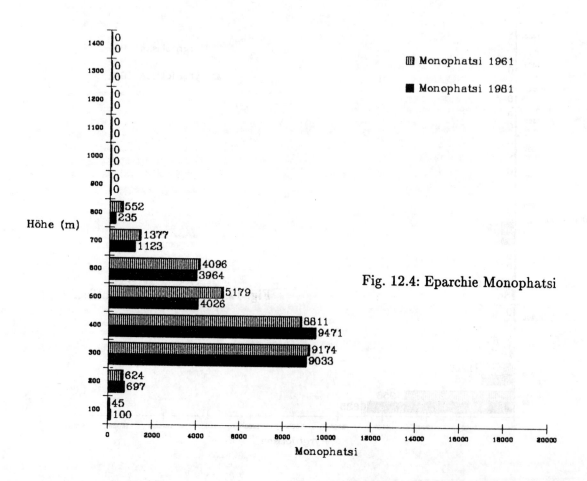

Fig. 12.4: Eparchie Monophatsi

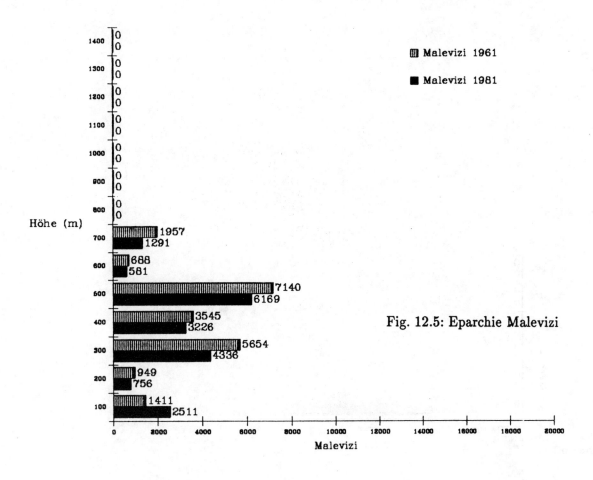

Fig. 12.5: Eparchie Malevizi

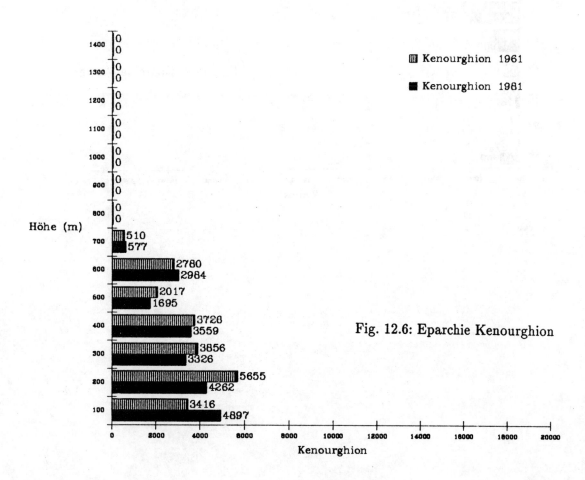

Fig. 12.6: Eparchie Kenourghion

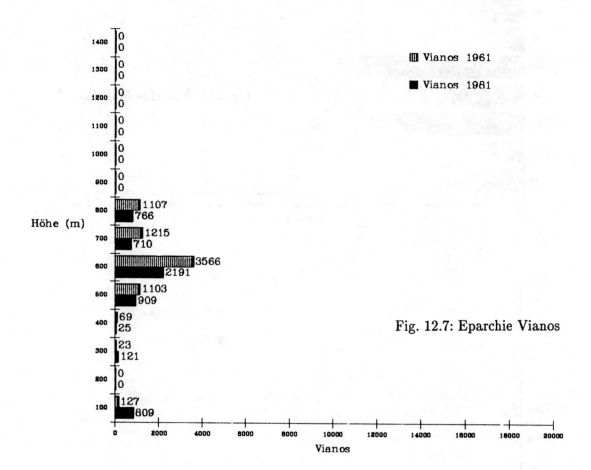

Fig. 12.7: Eparchie Vianos

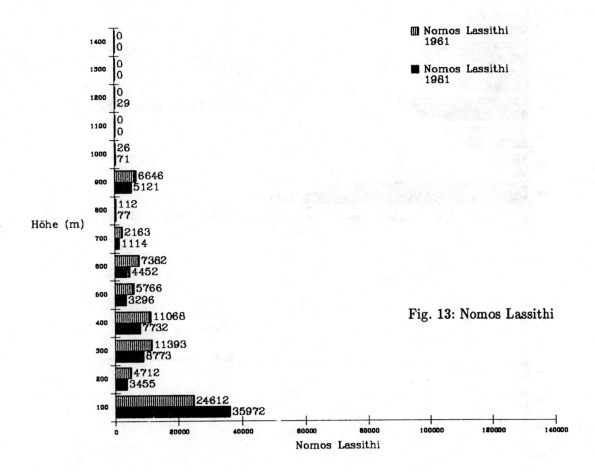

Fig. 13: Nomos Lassithi

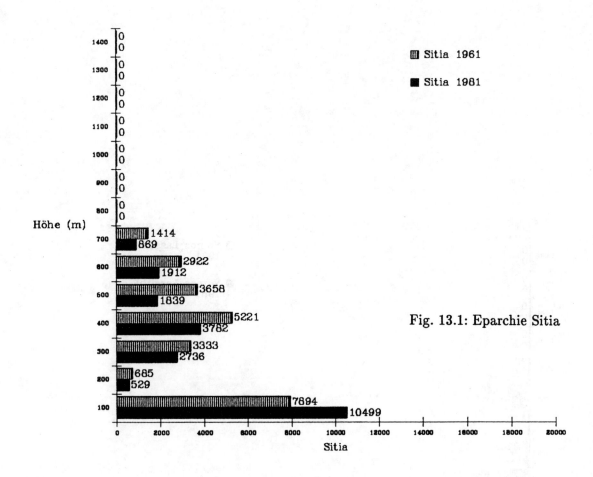

Fig. 13.1: Eparchie Sitia

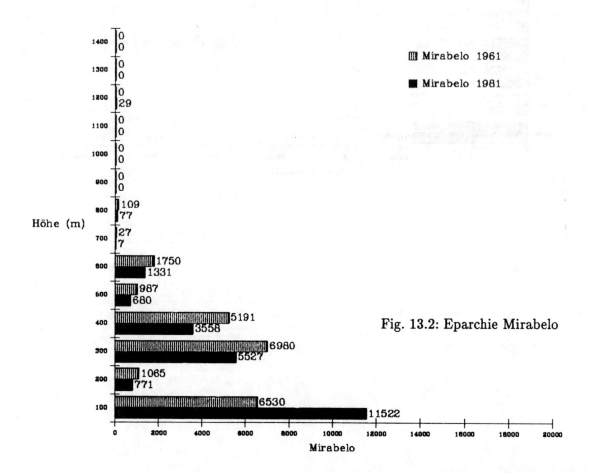

Fig. 13.2: Eparchie Mirabelo

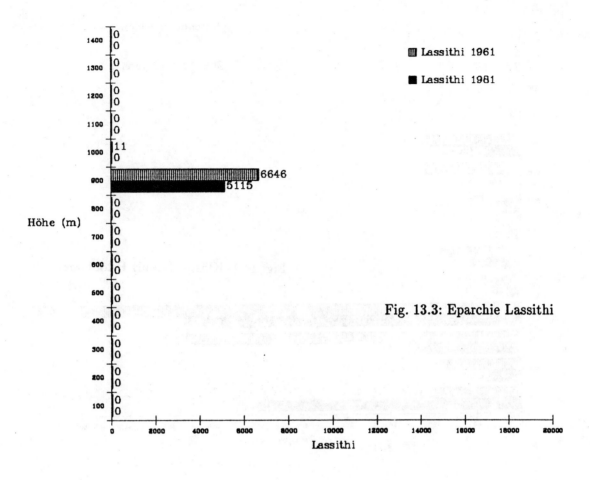

Höhe (m)

Lassithi

Fig. 13.3: Eparchie Lassithi

Lassithi 1961

Lassithi 1981

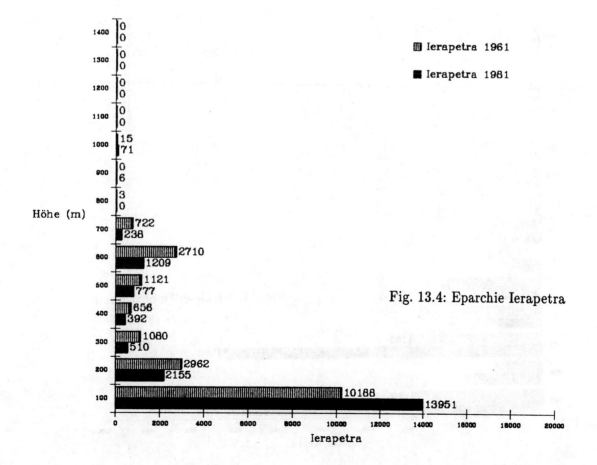

Höhe (m)

Ierapetra

Ierapetra 1961

Ierapetra 1981

Fig. 13.4: Eparchie Ierapetra

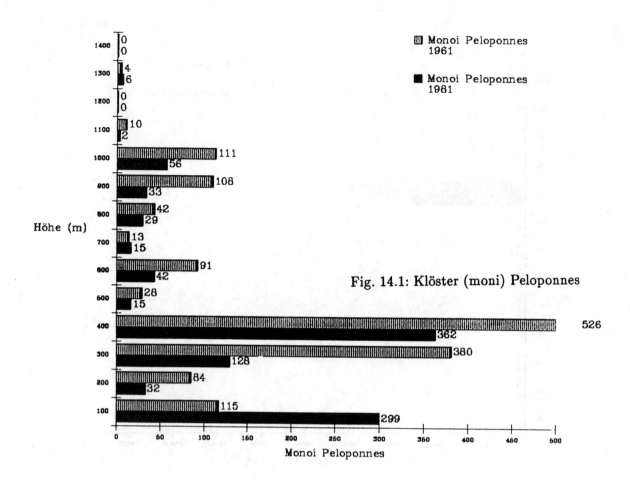

Fig. 14.1: Klöster (moni) Peloponnes

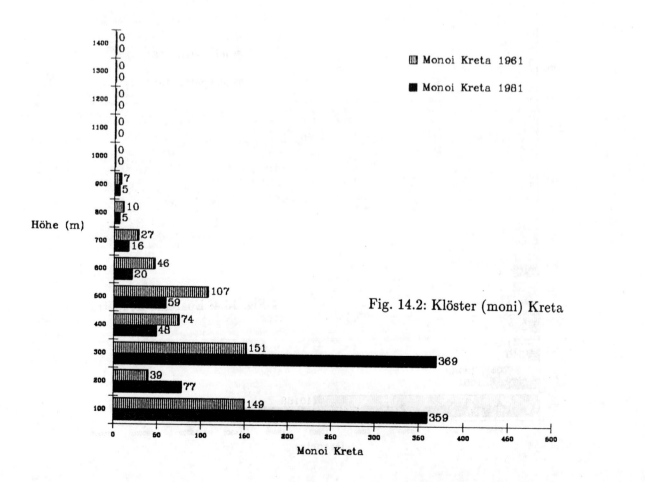

Fig. 14.2: Klöster (moni) Kreta

Berichte aus dem AG Entwicklungsforschung
bisher erschienen:

Heft 1    C. Lienau u. H. Hermanns: Rückwanderung griechischer Gastarbeiter und Regionalstruktur ländlicher Räume in Griechenland. Forschungsprojekt, Münster    (=EF 79-1)      vergr.

Heft 2    H. Hermanns: Annotierte Auswahlbibliographie Griechenland und Zypern, Münster 1979     (=EF 79-2)      vergr.

Heft 3    F.J. Stauf: Der Einfluß wirtschaftlicher Entwicklungsmaßnahmen auf die Erhaltung von Minderheiten - dargestellt am irischen Gaeltacht und an Minderheitsräumen in den italienischen Alpen, Münster 1979, 49 S.     (=EF 79-3)      vergr.

Heft 4    Forschungsprojekt: Rückwanderung griechischer Gastarbeiter und Regionalstruktur ländlicher Räume in Griechenland: Nomos (1), Nomos Thesprotia (2), Nomos Evros (3), Grundauszählung der Gemeindeuntersuchungen, Münster 1970   (=EF 80-1/3)      vergr.

Heft 5    C. Lienau: Labour Migration and Agricultural Development in Malawi/Africa, Münster 1980, 47 S.     (=EF 80-4)      vergr.

Heft 6    H. Hermanns, O. Napoli: Bibliographie zur Wirtschafts- und Sozialgeographie von Griechenland, Münster 1981, 40 S.     (=EF 81-1)      vergr.

Heft 7    H. Hermanns u. C. Lienau: Untersuchungen zum Problem der Reintegration griechischer Gastarbeiter im Nomos Pieria/Nordgriechenland, Münster 1981, 54 S.     (=EF 81-2)      vergr.

Heft 8    H. Hermanns u. C. Lienau: Forschungsprojekt Rückwanderung griechischer Gastarbeiter und Regionalstruktur ländlicher Räume in Griechenland: Nomos Pieria (3), Nomos Thesprotia (4), Nomos Evros (5). Grundauszählung der Gemeindeuntersuchungen, Teil II, Münster 1981     (=EF 81-3/5)      vergr.

Heft 9    H. Hermanns: Kooperatives Forschungsprojekt: Industrialisierung, regionaler Arbeitsmarkt und produktive Investitionen von Rückwanderern in einer peripheren Region: Das Beispiel Thrakien in Nordgriechenland, Münster 1982, 36 S.     (=EF 82-1)      vergr.

Heft 10    H. Hermanns u. C. Lienau: Forschungsprojekt: Rückwanderung griechischer Gastarbeiter und Regionalstruktur ländlicher Räume - Schlußbericht. Münster 1982, 130 S.     (=EF 82-2)      vergr.

Heft 11    E. Andrikopoulou-Kafkala, H. Hermanns, G. Kafkalas und O. Napoli: Regionalstruktur von Thraki, Münster 1983, 107 S.    (=EF 83-1)      vergr.

Heft 12    C. Lienau u. G. Prinzing (Hrsg.)/Karl Reddemann u. Juan-Javier Carmona-Schneider (Red.): Albanien. Beiträge zur Geographie und Geschichte. Münster 1986, 2. erw. u. verb. Aufl., 340 S.,                               ISBN 3-9801245-0-9      vergr.

Heft 13    E. Andrikopoulou, H. Hermanns. G. Kafkalas, A.-Ph. Lagopoulos, C. Lienau u. R.Schulte: Industrialization, Regional Labour Market and Productive Investment by Remigrants in a Peripheral Region: the case of Thraki in Northern Greece (mit deutscher Zusammenfassung), Münster 1985, 111 S.      12,--

Heft 14    M. Ridder: Die Bekleidungsindustrie im Nomos Pieria/Griechenland. Eine Untersuchung zum Problem der Industrientwicklung in einer peripheren Region der EG, Münster 1985, 62 S.      vergr.

Heft 15    Lienau, Cay (Hrsg.): "Europapark" in Nordost-Griechenland?
           Beiträge eines Symposiums am 26. und 27.6.1988 in Münster
           zur Bewahrung des europäischen Naturerbes in Nordost-
           Griechenland, Münster 1989, 98 S.
           ISBN 3-9801245-1-7, ISSN 0178-3513                                    24,--

Heft 16    Ruwe, Gerrit: Griechische Bürgerkriegsflüchtlinge, Vertreibung
           und Rückkehr. Ein Beitrag zur geographischen Mobilitäts-
           forschung. Zum 40. Jahrestag des Bürgerkriegsendes am
           16.10.1989, Münster 1990, 81 S.
           ISBN 3-9801245-2-5, ISSN 0178-3513                                    22,--

Heft 17    Heilborn, Andreas: Sozialökonomischer und kulturlandschaft-
           licher Strukturwandel im Marktsozialismus der SFR Jugos-
           lawien. Das Beispiel des Gemeindeverbandes Rijeka, 144 S.,
           Münster 1992
           ISBN 3-9801245-3-3, ISSN 0178-3513                                    36,--

Heft 18    Schwarze, Thomas: Neuseelands wilde Küste. Subjektive
           Aspekte einer Peripherisierung, 218 S., Münster 1992
           ISBN 3-9801245-4-1, ISSN 0178-3513                                    38,--

Heft 19    Ridder, Michael: Regionale Wirtschaftsentwicklung unter
           dem Einfluß der EG-Mitgliedschaft. das Beispiel Thrakien
           in Griechenland, 150 S., Münster 1992
           ISBN 3-9801245-5-X, ISSN 0178-3513                                    36,--

Heft 20    Kirchhoff, Andrea und Jörg Petermann: Die Vegetation im
           Nestostal in Nordost-Griechenland im Bereich des zukünf-
           tigen Stausees, 85 S., 10 Karten, 6 Fotos, Münster 1992
           ISBN 3-9801245-6-8, ISNN 0178-3513                                    28,--

Heft 21    Hempel, Ludwig: Natürliche Höhenstufen und Siedelplätze
           in griechischen Hochgebirgen, 82 S., Münster 1992
           ISBN 3-9801245-7-6, ISSN 0178-3513                                    16,70

Bestellungen an:

Prof. Dr. C. Lienau, Institut für Geographie der Universität Münster,
Robert-Koch-Str. 26, D-4400 Münster oder

dens.,Zumsandestr. 36, D-4400 Münster